W0386440

# 33 UNFEHLBARE WEGE, SEIN LEBEN ZU VERPLEMPERN

MARTIN GEIGER

# 33 UNFEHLBARE WEGE, SEIN LEBEN ZU VERPLEMPERN

Und was Sie ab morgen
garantiert anders machen

MIDAS

**33 unfehlbare Wege, sein Leben zu verplempern**
Und was Sie ab morgen garantiert anders machen

1. Auflage

© 2019 Midas Management Verlag AG
ISBN 978-3-03876-515-8

Martin Geiger
33 unfehlbare Wege, sein Leben zu verplempern
Zürich: Midas Management Verlag AG

Lektorat: Petra Heubach-Erdmann, Düsseldorf
Layout und Typografie: Ulrich Borstelmann, Dortmund
Cover: Agentur 21, Zürich

Alle Rechte vorbehalten. Die Verwendung der Texte und Bilder, auch auszugsweise, ist ohne schriftliche Zustimmung des Verlages urheberrechtswidrig und strafbar. Dies gilt insbesondere für die Vervielfältigung, Übersetzung oder die Verwendung in Seminarunterlagen und elektronischen Systemen.

Midas Management Verlag AG, Dunantstraße 3, CH 8044 Zürich
Website: www.midas.ch, Mail: kontakt@midas.ch

# Inhalt

# Vorwort

Guten Tag, mein Name ist Sascha Zeus. Sascha wer? Sascha Zeus. Ich moderiere gemeinsam mit Michael Wirbitzky die Morningshow bei SWR 3, das ist Deutschlands erfolgreichster Radiosender. So weit, so uninteressant, sagen Sie und stellen sich gleichzeitig die Frage, warum ein verdammter D-Promi das Vorwort für ein Buch schreibt, das Ihr Leben verändern wird. Die auf der Hand liegende Antwort, dass Verlage einfallslose Anstalten sind, die hoffen, mit einem Promi-Vorwort drei Bücher mehr zu verkaufen, greift hier nicht. Der Verlag hat mich nicht gefragt. Martin Geiger hat mich gefragt. Und weil ich ihn gut kenne und als einfallsreichen, humorvollen und in allen Lebensfragen durchaus kompetenten … BINGGG … Entschuldigung, ich muss kurz unterbrechen, da kommt gerade eine WhatsApp rein …

Da bin ich wieder. Es war René, ein Mitglied aus meiner Stammtischgruppe, der geschrieben hat, dass er heute doch zum Stammtisch kommt. Wo war ich? Genau. Ich schätze Martin auch deshalb, weil er … DINGGG … Augenblick, auf meinem Facebook-Account tut sich was. Bin gleich wieder da …

Sorry, aber Valerie, ein Mitglied (muss das in korrektem Genderdeutsch nicht »eine Mitgliedin« heißen?) meiner Stammtischgruppe hat ein Foto gepostet, einen leeren Teller. »Hat geschmeckt« stand unter dem Bild. Ich glaube, das ist in diesem Monat der 104. Teller, den mir irgendjemand schickt. Haben die Leute eigentlich nichts Besseres zu tun, als Fotos von ihrem Essen zu posten? Mich interessiert es ehrlich gesagt einen Scheiß, welchen tollen veganen, laktosefreien Swiss-Indian-Fusion-Rotz sich irgendjemand gerade reingeschaufelt hat. Aber ich schweife ab. Was Martin ganz besonders auszeichnet, ist die Tatsache … RINGGG … Telefon … bin gleich wieder da …

Es war René, der mich gefragt hat, ob seine WhatsApp, dass er heute doch zum Stammtisch kommt, angekommen ist. So. Wussten Sie übrigens, dass wer »so« sagt, noch nichts getan hat? Das trifft in meinem Fall zu, denn ich habe Ihnen noch viel zu wenig über Martin

Geiger erzählt. Zum Beispiel über sein großes Talent, Menschen zu erklären, wie sie ihre Zeit sinnvoll ... DONGGG ... DONGGG ... DONGGG ... Sorry, aber in meinem Mail-Eingang geht gerade der Punk ab. Ich muss kurz Mails checken ....................

Bin wieder da. Hui! In den vergangenen zwei Stunden sind 87 Mails reingekommen. In zwei Stunden!! Dazu fällt mir ein Satz ein, den ich bei Virginie Despentes gelesen habe: »Was haben wir in den Neunzigern mit der ganzen Zeit gemacht, die wir nicht damit verbrachten, Mails zu beantworten?« Gute Frage, oder? Eine Mail war übrigens vom Verlag. Sie schreiben, dass ich im Vorwort ganz besonders die Stärken von Martin hervorheben soll. Also seine ....... BINGGG ... Ja, Himmel Arsch und Zwirn! Was ist denn jetzt schon wieder? Eine WhatsApp von René, er kommt jetzt doch nicht zum Stammtisch, wird mich aber sicherheitshalber gleich noch mal anrufen.

Wissen Sie was? So wird das nichts mit dem Vorwort. Ich lese jetzt erst dieses Buch noch mal, um zu lernen, wie ich meine Zeit verschwende, und sage Ihnen dann, dass »33 unfehlbare Wege, sein Leben zu verplempern« ein Geschenk für alle ist, die glauben, keine Zeit zu haben.

Zum Schluss noch ein Zitat von Martin Geiger: »Beschließen Sie zu leben, bis Sie sterben.« Damit das klappt, sollten Sie keine wertvolle Zeit mehr verplempern und endlich anfangen zu lesen!

Friede, Schwachsinn und viel Spaß,

Sascha Zeus

# Gebrauchsanleitung

## *How to read, what you need*

Gewinnen Sie wertvolle Lebenszeit –
schon während des Lesens

Die Verlagssuche gestaltete sich unerwartet schwierig. »Unfehlbare Wege, sein Leben zu verplempern, das kauft doch keiner.« »Doch.« »Nein.« »Doch.« »Nein.« Und so weiter. Na ja, wie gesagt, schwierig eben.

Aus diesem Grund sei vorangestellt, dass es sich bei den nachfolgenden Wegen natürlich keinesfalls um Ihre Wege, geschätzter Leser, handelt. Die beschriebenen Irrwege entstammen allesamt meiner leidigen Erfahrung, was den überaus subjektiven Schreibstil erklärt.

Es wurde nicht zu Ihrer Unterhaltung geschrieben, sondern lediglich zur Unterhaltung des Autors selbst. Mithin ist der Spaß, den ich beim Schreiben hatte, bei Weitem kein Garant für den Ihrigen. Sollten Sie sich doch an der ein oder anderen Stelle wiederfinden oder ertappt fühlen, so ist die Ähnlichkeit mit jedweder lebenden Person rein zufällig und keinesfalls beabsichtigt.

Da wohl kaum etwas zeitraubender ist, als das unnötige Studium überflüssiger Gebrauchsanleitungen (außer vielleicht noch nicht bestimmungsgemäßer Gebrauch), habe ich Ihnen hier die wichtigsten Hinweise zusammengetragen, um sich sofort in dieses Buch zu stürzen:

Bitte lesen Sie nicht das gesamte Buch.

Das Buch soll Ihnen vielmehr als Nachschlagewerk dienen, welch' unnötige Wege katastrophaler Lebenszeitvernichtung Ihre Bekannten beschreiten. Zu diesem Zweck ist es hilfreich, im Inhaltsverzeichnis die »bevorzugten« Irrwege individuell auszuwählen und mit exakt der Lektüre dieser Kapitel zu beginnen. Im Anschluss können Sie diese dann ganz gönnerhaft, ohne jeden oberlehrerhaften Wink mit dem Zeigefinger, weitererzählen. Oder besser noch, so die großartige Idee meines Verlags, Sie schenken der betroffenen Person gleich ein eigenes Exemplar dieses Meisterwerkes.

Ein chronologisches Abarbeiten der Kapitel von Anfang bis Ende ehrt zwar den Autor, ist aber bei diesem Buch nicht erforderlich, da die Kapitel nicht aufeinander aufbauen. Sollten Sie dennoch das Bedürfnis verspüren, alles schön der Reihe nach zu lesen, beginnen Sie am besten mit dem Kapitel »Perfektionismus«.

»Traue nur der Statistik, die du selbst gefälscht hast«, war einer der wenigen lehrreichen Sätze, die ich aus meinem kurzen Hochschulausflug in die Volkswirtschaftslehre behalten habe. Allerdings kam sie nicht von einem der Dozenten, sondern von meinem Banknachbarn.

Nichtsdestotrotz haben wir uns für dieses Buch bemüht, alle verfügbaren Statistiken über Monate hinweg akribisch zu recherchieren, mühsam zusammenzutragen, auszuwerten und einzubeziehen, um Ihnen repräsentative Zahlen zu liefern, wie sie im Bundesdurchschnitt unser Leben darstellen.

Selbstverständlich können Ihre Zahlen davon abweichen und natürlich enthält die Gesamtsumme weit mehr Lebensjahre, als uns aller Voraussicht nach zur Verfügung stehen. Denn selbstredend sind nicht alle Themen zwangsläufig Bestandteil Ihres Lebens. So erklärte mir beispielsweise meine Assistentin unlängst, dass sie für Sport keinerlei Zeit aufwende, sondern diese gewissermaßen eins zu eins durch Rauchen ersetze.

Darüber hinaus sind wir natürlich so multitaskingfähig, dass wir viele Bereiche auch wunderbar kombinieren können: So lässt es sich beispielsweise vortrefflich rauchen, während wir uns über das Fernsehprogramm ärgern.

Sie werden an den durchschnittlichen Zahlen wunderbare Erkenntnisse ableiten können – ob nun für Ihr Leben oder das Ihrer Nachbarn. Deshalb haben wir sie jedem Kapitel vorangestellt, damit Sie unmittelbar feststellen können, welch' positiven Einfluss das jeweilige Kapitel in Sachen Zeitgewinn für Sie bereithält. Beginnen Sie daraufhin am besten mit genau dem Kapitel, das die größte Hebelwirkung auf Ihr Leben für Sie verspricht.

Glücklicherweise finden Sie in diesem Buch nicht nur 33 unfehlbare Wege, sein Leben zu verplempern, sondern auch 99 Gegenmaßnahmen, um wertvolle Lebenszeit zurückzugewinnen – Überlebensstrategien gewissermaßen.

Und damit wäre auch schon das wichtigste Versprechen gegeben.

Dieses Buch bringt Ihnen wertvolle Lebenszeit.

Wie Sie sie nutzen, bleibt Ihnen überlassen.

Ich wünsche Ihnen viel Vergnügen!

Martin Geiger

# Einführung

## *»Holy shit. What a ride!«*

Nur für den Fall, dass Sie kein Ersatzleben
im Kofferraum haben

### Die Geschichte vom Sinn des Lebens

Ein Investmentbanker stand in einem kleinen mexikanischen Fischerdorf am Pier und beobachtete, wie ein kleines Boot mit einem Fischer an Bord anlegte, das einige riesige Thunfische geladen hatte.

Der Banker gratulierte dem Mexikaner zu seinem prächtigen Fang und fragte, wie lange er dazu gebraucht hätte. Der Mexikaner antwortete: »Ein paar Stunden nur. Nicht lange.«

Daraufhin fragte der Banker, warum er denn nicht länger auf See geblieben sei, um noch mehr zu fangen. Der Mexikaner sagte, die Fische reichten ihm, um seine Familie die nächsten Tage zu versorgen.

Der Banker wiederum fragte: »Aber was tun Sie denn mit dem Rest des Tages?«

Der Fischer erklärte: »Ich schlafe morgens aus, gehe ein bisschen fischen, spiele mit meinen Kindern, mache mit meiner Frau nach dem Mittagessen eine Siesta, spaziere in das Dorf, trinke dort ein Gläschen Wein und spiele Gitarre mit meinen Freunden. Sie sehen, ich habe ein ausgefülltes Leben.«

Der Banker erwiderte: »Ich bin Harvard-Absolvent und könnte Ihnen ein bisschen helfen. Sie sollten mehr Zeit mit dem Fischen verbringen und von dem Erlös ein größeres Boot kaufen. Mit dem Erlös hiervon wiederum könnten Sie mehrere Boote kaufen, bis Sie eine ganze Flotte besitzen. Statt den Fang an einen Händler zu verkaufen, könnten Sie direkt an eine Fischfabrik verkaufen und schließlich eine eigene Fischverarbeitungsfabrik eröffnen. Sie könnten Produktion, Verarbeitung und Vertrieb selbst kontrollieren. Sie könnten dann dieses kleine Fischerdorf verlassen und nach Mexiko City, Los Angeles oder vielleicht sogar New York umziehen, von wo aus Sie Ihr florierendes Unternehmen leiten.«

Der Mexikaner fragte: »Und wie lange wird dies dauern?«

Der Banker: »So etwa 15 bis 20 Jahre.«

Der Mexikaner: »Und was dann?«

Der Banker lachte und sagte: »Dann kommt das Beste. Wenn die Zeit reif ist, könnten Sie mit Ihrem Unternehmen an die Börse gehen, Ihre Unternehmensteile verkaufen und sehr reich werden. Sie könnten Millionen verdienen.«

Der Mexikaner: »Millionen, und dann?«

Der Banker: »Dann könnten Sie aufhören zu arbeiten. Sie könnten in ein kleines Fischerdorf an der Küste ziehen, morgens lange ausschlafen, ein bisschen fischen gehen, mit Ihren Kindern spielen, eine Siesta mit Ihrer Frau machen, in das Dorf spazieren, ein Gläschen Wein trinken und mit Ihren Freunden Gitarre spielen.«

*(nach: »Anekdote zur Senkung der Arbeitsmoral« von Heinrich Böll)*

Lang ist's her, als unser Arbeitstag um 9 Uhr begann und um 17 Uhr endete, als man am Werktag arbeitete und am Wochenende frei hatte.

Alles wandelt sich. Was bleibt, ist das ungute Gefühl, dass wir zunehmend komplexere Aufgaben zeitgleich mit der einhergehenden Informationsüberflutung zu bewältigen haben. Zu viele Anforderungen, Aufgaben und Aktivitäten fordern unsere ganze Aufmerksamkeit. Die Auswahl der möglichen Ablenkungen ist in ungeahnte Dimensionen gestiegen.

Heute klagen sehr viele Menschen – im Grunde eigentlich alle – darüber, dass sie mehr zu tun als Zeit haben. Inzwischen könnte unser Tag gut und gerne 48 Stunden haben, ohne dass wir es schaffen würden, alles zu erledigen. So bleibt nur die ernüchternde Erkenntnis: Egal, wie sehr wir unsere Belastbarkeit auch steigern, es reicht nicht. Der Umfang potenzieller Zeitverschwendung ist inzwischen ebenso unerschöpflich, wie deren Auswirkung massiv ist.

Wenn Sie dieses Buch gekauft haben, um meine Tipps zu erfahren, wie Sie Zeit sparen können, muss ich Sie leider enttäuschen.

Meine Tipps werden für Sie nicht funktionieren.

Woher ich das weiß?

Weil sie selbst für mich nicht funktioniert haben.

Stattdessen berichte ich Ihnen in dem vorliegenden Buch quasi von einer Art jahrelangem und sehr gründlichem Selbststudium, das ich betrieben habe, um die nachfolgenden Möglichkeiten der Zeitverschwendung zu ermitteln.

Herausgekommen sind 33 unfehlbarer Wege, sein Leben zu verplempern. Vielleicht kommt Ihnen der ein oder andere bekannt vor?!

Natürlich kann jeder der beschriebenen Wege von zwei Seiten betrachtet werden.

Fluch und Segen liegen oft nahe beieinander und sind sehr individuell zu bewerten.

Generell macht natürlich die Dosis das Gift.

Sie machen einige der nachgenannten Dinge nur zur Entspannung? Oder empfinden dabei sogar Freude?

Dann machen Sie bitte unbedingt weiter damit.

Vielleicht ist es aber auch nur eine Rechtfertigung?

In diesem Fall kann es zunächst einmal durchaus hilfreich sein, zu wissen, dass, wer sich rechtfertigt, meistens unrecht hat.

Wenn Sie sich provoziert fühlen, großartig.

Wenn sich Widerspruch regt, fantastisch.

Ändern Sie was!

Oder werfen Sie das Buch weg.

Denn sich ärgern ist Zeitverschwendung.

Wenn Sie hingegen dieses Buch gekauft haben, weil Sie gar nicht wissen, wo Sie anfangen sollen, ist wahrscheinlich das Kapitel »Entscheidungsschwäche« genau das richtige für Sie.

»Erfolgreiche Menschen tun Dinge, die weniger erfolgreiche Menschen unterlassen«, lautet ein Zitat des Schriftstellers Georges Simenon. Der folgerichtige Umkehrschluss heißt demnach: »Erfolgreiche Menschen unterlassen Dinge, die weniger erfolgreiche tun.«

Um ein erfülltes Leben führen zu können, ist es erforderlich, sich ganz bewusst gegen eine Vielzahl von Ablenkungen zu entscheiden. Auch wenn das vorliegende Werk sich keineswegs in die Vielzahl der Ratgeber im Bereich der Erfolgsliteratur einreihen will, die Ihnen ein glücklicheres Leben versprechen, so kann doch zweifelsfrei festgehalten werden, dass es erforderlich ist, einige Dinge zu unterlassen, um überhaupt erst ein Leben zu haben. Denn leider verhalten wir uns häufig so, als hätten wir noch ein Ersatzleben im Kofferraum.

Demnach könnte ein Ziel für die Lektüre dieses Buches lauten: Ihren Einfluss auf die eigene Zeitverwendung zu vergrößern, um Ihnen zu einem selbstbestimmteren Leben zu verhelfen.

Fragen Sie sich deshalb an dieser Stelle ruhig einmal:

- Wie viel meiner kostbaren Zeit möchte ich mit belanglosen Dingen verschwenden?
- Und wie kann ich meine Zeit stattdessen bestmöglich investieren?

## Über die signifikante Verschwendung ebenso signifikanter Lebenszeit

Hier meine Garantie mit Brief und Siegel:

Wenn wir uns 90 Prozent unserer Zeit mit Dingen auseinandersetzen, die im Grunde zu deren Verschwendung beitragen, vergessen wir dabei eine weit gravierendere Zahl:

In 100 Prozent der Fälle haben wir am Ende unseres Tages keine Zeit mehr übrig.

Und dieses Problem begegnet uns nicht nur am Ende unseres Tages, sondern auch am Ende unseres Lebens.

Dann jedoch unwiderruflich ohne die Gelegenheit, es morgen besser zu machen.

## Verschieben Sie Ihr Leben nicht auf später

Ein guter Gradmesser auf die Frage, die mir während der Entstehung des Buches von einer guten Freundin gestellt wurde: »Ja, aber was ist denn dann in deinen Augen keine Zeitverschwendung?«, ist es, für sich einmal zu überprüfen, ob wir den Dingen, die uns wirklich etwas bedeuten, genug Aufmerksamkeit widmen.

Niemand wird sich am Ende seines Lebens wünschen, mehr E-Mails beantwortet, mehr im Stau gestanden oder mehr Rasen gemäht zu haben. Das Wochenende damit zu verbringen, Angebote zu bearbeiten oder Präsentationen zu erstellen, ist nicht der richtige Weg, die wenige Zeit, die Sie auf Erden haben, zu vergeuden.

Ich bin mir sicher: Es gibt ein Leben vor dem Tod. Zeit zu verschwenden bedeutet, ratenweise Selbstmord zu begehen, denn daraus besteht unser Leben. Niemand wünscht sich am Ende auf dem Sterbebett: »Hätte ich nur mehr Zeit im Büro verbracht.«

Genau die Dinge, von denen man sich am Ende seines Lebens wünscht, man hätte sie öfter getan, bewusster in sich aufgesogen oder häufiger erlebt, sind die Antwort auf die Frage. Bei aller Oberflächlichkeit ist es das, um das es am Ende des Tages geht: mehr Fallschirmsprünge, mehr laue Sommerabende auf der Terrasse, mehr gute Gespräche, mehr Zärtlichkeit, mehr Lachen … das ist nicht verplemperte Lebenszeit. Und ich meine nicht das Lachen auf einem Selfie.

Fangen Sie an, Ihr Leben zu leben! Schieben Sie den Anfang nicht auf irgendeinen unbestimmten Zeitpunkt in der Zukunft. Leben Sie heute, hier und jetzt. Das »Später« ist Ihnen nicht garantiert. Deshalb beschließen Sie, zu leben, bis Sie sterben. Denn es ist allemal besser, sich zu verbrauchen, als zu verrosten.

»LIFE'S JOURNEY is not to arrive at the grave safely, in a well preserved body, but rather to skid in sideways, totally worn out, shouting ›Holy shit, what a ride!‹«
*Mavis Leyrer im Alter von 83 Jahren*

1

# Ablenkung

## *»Ich kam, sah … und vergaß, was ich wollte«*

Die Tücken der Zuvielisation

**Sind Sie betroffen?**

- ☐ Sie stehen im Keller und haben vergessen, was Sie dort eigentlich wollten.
- ☐ Jede Ihrer installierten Apps signalisiert Ihnen eingehende Nachrichten auf dem Smartphone-Display – natürlich mit Ton.
- ☐ Sie fallen abends häufig mit der Frage ins Bett: »War ich heute eigentlich produktiv oder nur beschäftigt?«

Wenn Sie zweimal zustimmen, sollten Sie weiterlesen.

Niall Ferguson, Wirtschaftshistoriker an der Harvard-Uni, offenbarte in einer Rede, die er 2011 in Berlin hielt, dass er inzwischen fast obsessiv etwa 200 Mails am Tag beantworte, sein jüngerer Sohn nicht von der Playstation zu lösen, die Tochter Facebook-abhängig sei und der ältere Sohn seiner Freundin im Zwei-Minuten-Takt WhatsApp-Nachrichten schicke. Er frage sich, ob wir in Zukunft noch in der Lage sein werden, uns länger als 30 Sekunden auf eine Sache zu konzentrieren.

Es ist ein Trauerspiel. Wir leben in einer »Zuvielisation«, in der wir fortwährend von irgendetwas abgelenkt werden oder uns selbst ablenken. Geduld und Aufmerksamkeit sind zur Mangelware verkommen. Ständig blinkt und blitzt es, außerhalb unseres Kopfes ebenso wie darin. Getreu dem Motto: Ich kam, sah – und vergaß, was ich wollte.

Wir scheinen Störungen und Ablenkungen jedweder Art regelrecht zu brauchen, weil wir nicht mehr in der Lage sind, über einen längeren Zeitraum konzentriert zu arbeiten. Hier ein blinkendes Banner, dort ein Link. Schnell ist eine Stunde vergangen. Eine Stunde, in der wir unserem Ziel nicht nähergekommen sind, sondern von dem wir uns – im Gegenteil – immer weiter davon entfernt haben.

Die »WirtschaftsWoche« zitierte 2008 in ihrem Aufmacher »Rettung vor dem Info-Stress« Studien der Universität von Kalifornien, nach denen wir uns im Durchschnitt noch genau elf Minuten einer Aufgabe widmen können, bevor wir abgelenkt werden. Danach dauert es ganze 25 Minuten, bis wir wieder im gleichen Maße konzentriert sind wie vor dieser Ablenkung. Durch diesen sogenannten Sägeblatteffekt gehen rund zwei Drittel unserer Arbeitszeit verloren.

## Bekommen Sie Ihre Überlastung in den Griff

Sind Sie auch zu beschäftigt, um an den wirklich wichtigen Aufgaben zu arbeiten? Dann ist die Lösung für Ihre Überarbeitung keinesfalls, mit noch mehr Bällen zu jonglieren – sprich: mehr zu tun. Widerstehen Sie der Versuchung, durch Aktionismus vor Ihren Mitmenschen oder sich selbst als fleißig beziehungsweise aktiv dastehen zu wollen. Stattdessen lautet die Antwort: Legen Sie die wenigen Dinge fest, die Ihr Geschäft oder Ihr Leben wirklich grundlegend verändern können.

Wenn Sie keine Prioritäten setzen, ist irgendwie alles dringend oder wichtig. Entwickeln Sie zunächst eine klare Vorstellung von Ihrem gewünschten Ziel. Denken Sie an Ihre wirklich wichtigen Aufgaben. Und erledigen Sie diese Aufgaben vor allen anderen.

Zu allem Überfluss sind die meisten Ablenkungen auch noch selbst verschuldet. Ist uns klar geworden, wie wertvoll unsere Zeit ist, werden wir anders mit ihr umgehen und nur das tun, was wirklich wichtig ist.

Stellen Sie sich deshalb immer wieder die Frage: Bringt mich das, was ich in diesem Moment tue, meinem wichtigsten Ziel am nächsten? Fertigen Sie einen Bildschirmschoner mit diesem Satz an oder noch besser: Hängen Sie sich ein entsprechendes Schild über den Schreibtisch.

## Entweder wir lassen uns ablenken oder wir erreichen unsere Ziele

Ohne diesen klaren Fokus passiert es leicht, dass wir Ablenkungen erliegen. Wenn Sie Probleme haben, sich zu fokussieren, sollten Sie sich im Zweifel besser dafür entscheiden, etwas nicht zu tun.

Stellen Sie sich bei jeder Aufgabe zwei zentrale Fragen:

1. Bringt mich diese Aufgabe dem Erreichen meiner Ziele wirklich näher?
2. Wie schlimm ist es, wenn ich diese Aufgabe einfach nicht erledige?

Sie werden überrascht sein, wie viele Ihrer Aufgaben Sie kein bisschen voranbringen und dass die Erde sich weiterdrehen wird, wenn Sie diese Aufgaben ignorieren. Eliminieren oder reduzieren Sie nutzlose Aufgaben. Ab damit auf die Not-to-do-Liste.

## Sorgen Sie dafür, dass Ihnen keine Minute gestohlen wird

Konzentriertes Arbeiten wird von einer Vielzahl von Faktoren verhindert: E-Mails, eingehende Anrufe, aufpoppende Meldungen des Betriebssystems, das Vibrieren Ihres Smartphones – all das stört Ihre Konzentration. Reduzieren Sie daher alle Ablenkungen auf ein Minimum. Schalten Sie so viele Faktoren wie möglich aus – beispielsweise durch das Einrichten einer Rufweiterleitung, das Ausschalten des automatischen Mail-Abrufs oder ähnliche Maßnahmen.

## Feste Zeitspanne

Nehmen Sie sich vor, während einer festen Zeitspanne, zum Beispiel 25 Minuten, an einer Aufgabe zu arbeiten. Kümmern Sie sich nicht darum, wie weit Sie kommen. Setzen Sie einfach nur die entsprechende Zeit ein. Hierbei kann Ihnen ein simpler Küchenwecker großartige Dienste leisten. Wenn Sie mehr als zwanzig Minuten konzentriert an einer Aufgabe arbeiten, vergessen Sie irgendwann die Zeit und Ihre Umgebung und arbeiten schnell und extrem produktiv.

## Begeben Sie sich in die Isolation

Wenn Sie Führungsaufgaben haben, ist Ihnen womöglich bereits aufgefallen, dass Mitarbeiter großartig darin sind, Sachen nach oben zu delegieren. Dies gilt im gleichen Maße, wenn Sie Kinder haben. Für diese Fälle empfehle ich, die Bürotür zu schließen und ein Schild mit der Aufschrift »Stopp! Was würden Sie tun, wenn ich nicht da wäre?« an die Tür zu hängen.

Wenn Sie trotzdem nicht unterbrechungsfrei arbeiten können, sorgen Sie dafür, dass Sie nicht gefunden werden. Begeben Sie sich an einen Ort, an dem Sie ohne Ablenkungen arbeiten können. Zum Beispiel eine Bibliothek, einen Park, ein Café oder Ihren eigenen Garten.

Oder mieten Sie sich ein kleines Appartement in der Nähe Ihres Wohnortes, von dem niemand weiß, um dort ungestört zu arbeiten. Sollte das für Sie alleine zu teuer sein, teilen Sie es sich mit einem Leidensgenossen (Kollegen, Geschäftspartner, Freund).

Am besten bleiben Sie in Bewegung. Bewegliche Ziele werden schlechter getroffen. Kaufen Sie sich die 100-Prozent-Bahncard (die »schwarze Mamba«) und fahren Sie kreuz und quer durch die Gegend, während Sie Bedeutungsvolles leisten.

Was glauben Sie, wie dieses Buch jemals fertig wurde? Nicht eine einzige Zeile davon ist im Büro entstanden.

## Was sind Ihre schlimmsten Störenfriede?

Was raubt Ihnen die meiste Zeit? Identifizieren Sie die zehn schlimmsten Störenfriede für Ihre persönliche Not-to-do-Liste. Also diejenigen Aufgaben, die das größte Zeiteinsparpotenzial aufweisen. Sie werden wahrscheinlich mehr entdecken, aber wenn Sie sich zunächst auf die zehn schlimmsten Fälle konzentrieren, haben Sie in der Regel schon 80 Prozent Ihrer Zeitdiebe ausgemacht.

Bei den Punkten dieser Liste sollte es sich um Dinge handeln, die Sie bewusst nicht mehr tun wollen, weil sie Ihnen keinen Nutzen bringen, weil sie Ihnen Energie rauben und weil Sie damit Zeit verschwenden. Häufig finden sich eine ganze Reihe unproduktiver Gewohnheiten, die Sie abstellen sollten.

Das Prinzip der Not-to-do-Liste hört sich simpel an, das Schwierige ist wie so oft die Umsetzung im Alltag. Konzentrieren Sie sich deshalb immer nur auf einen Punkt nach dem anderen, so wie Sie es auch mit Ihren To-do-Aufgaben machen.

## Was Sie sofort tun können:

- Stellen Sie die Eieruhr auf 25 Minuten und beginnen Sie die Arbeit an Ihrer wichtigsten Aufgabe. Konzentrieren Sie sich für diesen Zeitraum auf diese eine Aufgabe, ohne sich um etwas anderes zu kümmern.

## Was Sie ab morgen garantiert anders machen:

- Erstellen Sie Ihre persönliche Not-to-do-Liste. Welche Aufgaben bringen Sie Ihrem wichtigsten Ziel nicht oder nur unwesentlich näher? Sie können unmöglich alle Aufgaben erledigen – streichen Sie Aktivitäten.
- Identifizieren Sie die größte Ablenkungsquelle in Ihrem Alltag und reduzieren Sie diesen Einfluss. Stellen Sie zum Beispiel Ihren Mail-Eingang oder das Internet ganz ab, ebenso Ihr Telefon. Versuchen Sie, möglichst keine Anrufe entgegenzunehmen.

2

# Ärgern

***»Man kann sich problemlos den ganzen Tag ärgern, aber verpflichtet ist man nicht dazu«***

Mensch, ärgere dich nicht – wunder' dich lieber!

**Sind Sie betroffen?**

- ☐ Sie sind ein Zauberer, der es mühelos fertigbringt, aus einer Mücke einen Elefanten zu machen.
- ☐ Wenn Ihre Lieblingsmannschaft verliert, hört das die ganze Straße.
- ☐ In Ihnen kommt überproportional häufig der Gedanke auf, dass früher alles besser war.

Wenn Sie zweimal zustimmen, sollten Sie weiterlesen.

Ein Mann will ein Bild aufhängen. Den Nagel hat er, nicht aber den Hammer. Der Nachbar hat einen. Also beschließt unser Mann, hinüberzugehen und ihn auszuborgen.

Doch da kommt ihm ein Zweifel: Was, wenn der Nachbar mir den Hammer nicht leihen will? Gestern schon grüßte er mich nur so flüchtig. Vielleicht war er in Eile. Vielleicht hat er die Eile nur vorgeschützt, und er hat was gegen mich. Und was? Ich habe ihm nichts getan; der bildet sich da etwas ein. Wenn jemand von mir ein Werkzeug borgen wollte, ich gäbe es ihm sofort. Und warum er nicht? Wie kann man einem Mitmenschen einen so einfachen Gefallen abschlagen?

Leute wie dieser Kerl vergiften einem das Leben. Und dann bildet er sich noch ein, ich sei auf ihn angewiesen. Bloß weil er einen Hammer hat. Jetzt reicht's mir wirklich. – Und so stürmt er hinüber, läutet, der Nachbar öffnet, doch bevor er »Guten Tag« sagen kann, schreit ihn unser Mann an: »Behalten Sie Ihren Hammer, Sie Rüpel! «

*(aus Paul Watzlawick – »Anleitung zum Unglücklichsein«)*

Wir ärgern uns über allerlei kleine und große Missgeschicke: das schlechte Wetter oder die Hitze, verspätete Züge oder überhöhte Rechnungen. Den Nachbarn, die Politik, den Chef … man könnte sich problemlos den ganzen Tag ärgern.

Aber man ist nicht dazu verpflichtet. Denn ob uns nun ein Ei runterfällt, uns jemand die Vorfahrt nimmt oder auf unser Auto auffährt, alles ist nicht mehr veränderbar, doch durch unseren Ärger verlängern wir noch die negativen Auswirkungen.

Ganz gleich, ob wir es nun jammern, ärgern oder nörgeln nennen, ob wir fluchen, schimpfen oder uns Sorgen machen. Nichts von alldem hat auch nur den geringsten positiven Einfluss auf unser Leben und bietet keinerlei Vorteile. Im Gegenteil.

## Verlassen Sie die Sackgasse

Wir machen uns unzählige Sorgen über etwas, was in der Zukunft passieren kann, was bislang noch gar nicht eingetreten ist. Das ist wie Zinsen für einen Kredit zu zahlen, den wir gar nicht in Anspruch genommen haben.

Wenn wir auf Kampf programmiert sind, schickt uns das Leben Gegner. Sich ärgern ist also nicht nur verplemperte Lebenszeit, es schickt Ihnen mehr von dem, auf das Sie gerade Ihre Aufmerksamkeit richten und was Sie im Grunde loswerden wollen. Es ist ein Teufelskreis, durch den nur weitere negative Emotionen freigesetzt werden. Hören Sie auf damit.

Denn bei allem Verständnis für Ärger, Angst, Sorgen und andere negative Emotionen berauben Sie sich damit der Fähigkeit, proaktiv etwas zu tun, was Ihre Situation verbessern könnte.

Glückliche Menschen jammern nicht. Wenn ihnen etwas gegen den Strich geht, dann setzen sie alles daran, die Situation zu ändern. Und wenn das nicht geht, dann schließen sie ihren Frieden damit. Auf jeden Fall vergeuden sie nicht wertvolle Lebensenergie damit, sich zu beklagen, und halten sich so selbst in einer ständigen Spirale aus Enttäuschung, Wut und Frustration gefangen.

## Sehen Sie nicht gleich schwarz

Wer in allem nur das Schlechte befürchtet und grundsätzlich vom Negativen ausgeht, der ist nicht glücklich. Der ist nicht mal mehr Realist. Die größten Sorgen machen wir uns oft über Dinge, die hinterher nicht eintreten. Denn nachweislich treten 97 Prozent unserer Sorgen und Ängste niemals ein. Warum sollten wir unser Denken, Fühlen und Handeln also von diesen drei Prozent beherrschen lassen?

Nicht umsonst war »Mensch ärgere Dich nicht!« eines der bekanntesten Brettspiele meiner Jugend. Halten Sie es daher lieber wie der ehemalige US-Präsident Abraham Lincoln: »Halte Dir jeden Tag dreißig Minuten für deine Sorgen frei und in dieser Zeit mache ein Nickerchen.«

Der amerikanische Theologe, Philosoph und Politikwissenschaftler Reinhold Niebuhr formulierte das nachfolgende Gelassenheitsgebet:

»Gott, gib mir die Gelassenheit, Dinge hinzunehmen, die ich nicht ändern kann,
den Mut, Dinge zu ändern, die ich ändern kann,
und die Weisheit, das eine vom anderen zu unterscheiden.«

1. Auf dieser Grundlage sollten Sie sich generell zwei Fragen stellen, bevor Sie sich über etwas aufregen: Ist es veränderbar?
2. Kann ich es ändern?

Sobald wir die Unvollkommenheit anderer Menschen erkannt haben (und je früher, desto besser), werden wir unmittelbar feststellen, dass sie nicht darauf aus sind, uns zu schaden, sondern dass wir es ihnen gestatten.

Hinzu kommt: Wem wir die Schuld zuweisen, dem geben wir auch die Macht über unseren Gemütszustand. Besser ist es, selbst die Verantwortung zu übernehmen. Wenn es so vieles in Ihrem Leben gibt, das beklagenswert ist, dann wird es höchste Zeit, daran etwas zu ändern.

Der einzige Weg zu einem zufriedenen Leben (und ein anderes macht ohnehin nur bedingt Spaß) ist es demnach, wenn überhaupt, nur an sich selbst zu arbeiten. Sagen Sie deshalb das nächste Mal laut »Stopp!«, sobald Sie realisieren, dass Ihre Gedankenlawine Fahrt aufnimmt. Fragen Sie sich, ob Ihr Ärger irgendetwas ändert. Und versuchen Sie es dann mit dem Mantra: »Nichts kann mich ärgern, außer ich mich selbst.«

Vielleicht wäre es stattdessen viel konstruktiver, den Rat des amerikanischen Autors Richard Carlson zu beherzigen: Stellen Sie sich vor, jeder außer Ihnen wäre erleuchtet. Wenn Sie das mal versuchen, werden Sie feststellen, dass es sich dabei wahrscheinlich um eine der hilfreichsten Übungen für Ihre persönliche Weiterbildung schlechthin handelt. Der Lkw, der ausgerechnet vor Ihnen fährt, obwohl Sie ohnehin bereits viel zu spät dran sind, will Sie vielleicht Geduld lehren? Machen Sie es zu Ihrer Aufgabe, herauszufinden, welche Ihrer Mitmenschen Sie was lehren wollen. Dadurch werden Sie die Schwächen anderer weit weniger ärgern.

## Ein Mittel gegen Undankbarkeit und Ärger

Legen Sie ein Dankbarkeitsjournal an, in das Sie einmal am Tag die Punkte eintragen, für die Sie dankbar sind oder die Sie glücklich gemacht haben: das Zwitschern der Vögel im Frühling, die warmen Sonnenstrahlen auf der Haut, der Duft frisch gewaschener Wäsche, das Lieblingslied, das im Radio läuft, der Busfahrer, der extra noch auf Sie wartet oder das zarte Schmelzen der Schokolade in Ihrem Mund …

Es können Dinge sein, die für Sie ganz selbstverständlich sind. Dass Sie ein Dach über dem Kopf haben, sich die nächste Mahlzeit kaufen können, dass draußen die Sonne scheint oder es regnet, dass Sie einen PC und vielleicht sogar Internetanschluss haben – egal mit welcher Geschwindigkeit …

Denken Sie nach, wenn es Tage gibt, an den es Ihnen so scheint, als gäbe es nichts zu notieren. So ist beispielsweise für jemanden, der gerade Zahnschmerzen hat, jeder ohne Zahnschmerzen der glücklichste Mensch der Welt. Aber wann wachen wir normalerweise schon auf und springen jubilierend aus dem Bett mit den Worten: »Hurra, heute keine Zahnschmerzen!«

Und? Haben Sie heute Zahnschmerzen? Na also, dann notieren Sie das in Ihr Dankbarkeitsjournal. Zahnschmerzen sind aber gerade genau das Problem, was Sie veranlasst hat, dieses Kapitel zu lesen? Na ja, dann können Sie ja zumindest lesen, Augen, Verstand – scheint alles zu funktionieren. Dann schreiben Sie das auf. Wie, Sie lassen sich vorlesen? Mann, oh Mann, Sie sind aber ein schwerer Fall. Aber egal, Sie atmen, oder? Nehmen Sie das. Und wenn das auch nicht stimmt, haben Sie gerade wirkliche Probleme, über die Sie sich sorgen sollten.

Meine Herrschaften! Über so undankbare Menschen könnte ich mich totärgern.

### Was Sie sofort tun können:

- Sagen Sie das nächste Mal laut und deutlich »Stopp!«, sobald Sie realisieren, dass Ihre Gedankenlawine Fahrt aufnimmt.

### Was Sie ab morgen garantiert anders machen:

- Stellen Sie sich vor, jeder außer Ihnen ist erleuchtet. Was dürfen Sie aus der jeweiligen Situation lernen?
- Legen Sie ein Dankbarkeitsjournal an, in das Sie einmal am Tag die Punkte eintragen, für die Sie dankbar sind oder die Sie glücklich gemacht haben.

3

# Aufschieben

***»Eigentlich hatte ich heute viel vor. Na ja. Jetzt habe ich halt morgen viel vor.«***

Unter Zeitdruck kann ich nicht arbeiten, und ohne fange ich erst gar nicht an.

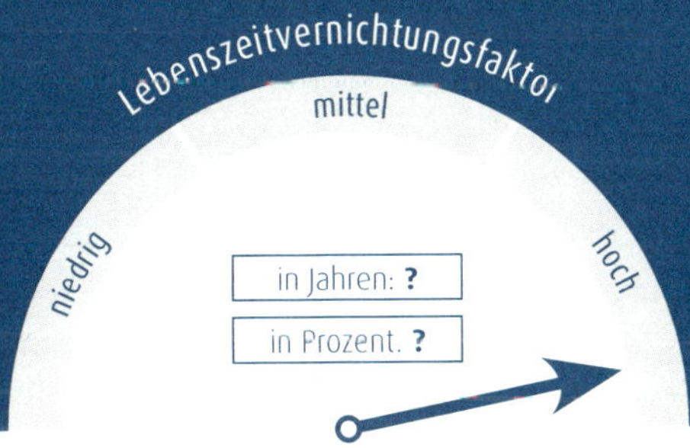


## Sind Sie betroffen?

- ☐ Der Zwangsgeldbescheid zur Abgabe Ihrer Steuererklärung liegt bereits vor und die Hauptuntersuchung Ihres Wagens ist überfällig.
- ☐ »Morgen« ist Ihr bevorzugter Startzeitpunkt für besonders wichtige und dingende Projekte.
- ☐ Auf Ihrem Schreibtisch stürmt sich ein Stapel mit der unsichtbaren Aufschrift »Wenn ich mal mehr Zeit habe«.

Wenn Sie zweimal zustimmen, sollten Sie weiterlesen.

Sehen wir den Tatsachen ins Gesicht: Jeder schiebt auf.

Ich bin so gut darin, dass mir nach der zweiten Anfrage beim Verlag, ob sich der Abgabetermin für das Manuskript zu diesem Buch noch ein wenig verschieben ließe, die ultimative Idee zu einem neuen Vortrag kam: »Aufschieben für Fortgeschrittene – Aus der Trickkiste eines Prokrastination-Virtuosen«. Na ja, in meinem Fall ist es ja eigentlich auch nicht wirklich »Aufschieben«. Ich brauche den Druck einfach, um besser arbeiten zu können. Außerdem muss ich beim Schreiben ja auch schon irgendwie in der richtigen Stimmung sein. Und es ist ja auch noch Zeit genug, einen gewissen Puffer kalkuliert der Verlag schließlich immer ein.

Und offensichtlich bin ich kein Einzelfall: Während einer Umfrage nach dem größten Zeitdieb auf meiner Webseite *www.martin-geiger.com*, an der sich binnen zweier Jahre über 1.500 Besucher beteiligt haben, war »Aufschieben« mit Abstand auf Platz 1. Jeder Vierte, so das ernüchternde Ergebnis, schiebt auf. Dabei fürchte ich, die Dunkelziffer ist weit höher. Denn nicht mitgerechnet wurden diejenigen, die auf der Seite gelandet sind und sich dachten: »Oh, eine Umfrage. Mache ich vielleicht später.«

Im Anschluss an einen Vortrag in einem Wirtschaftsclub in Norddeutschland machte mir die Geschäftsführerin des dortigen Steuerberaterverbandes folgendes Zugeständnis: »Herr Geiger, ich sag' Ihnen was: Ich persönlich kenne nicht ein einziges Mitglied meines Verbandes, das seine eigene Steuererklärung abgibt, bevor nicht mindestens Zwangsgeld angedroht ist.«

## Es gibt ein Leben vor dem Tod

Teilweise schieben wir unser ganzes Leben auf, weil es in der Gegenwart so viel zu tun gibt. So verkommt das Thema Lebensqualität zum guten Vorsatz. Etwa: »Wenn erst mal die Kinder aus dem Haus sind, mache ich die Weltreise.« Oder: »Wenn das Unternehmen erst mal gewinnbringend verkauft ist, habe ich wieder Zeit, auf den Golfplatz zu gehen.« Und so weiter und so fort. Doch »irgendwann« ist »nie«. Der Moment, an dem Sie tatsächlich mehr Zeit haben werden, ist nichts als ein frommer Wunsch. Dieser

Zeitpunkt kommt nie, solange Sie nicht aktiv werden. Wozu also soll es dienen, die wirklich wesentlichen Dinge aufzuschieben?

Ein Mann, der Mitte 40 ist und Jahr für Jahr mit seinen Freunden für eine Woche zum Hochseefischen aufbricht, und sich dazu entschließt, aus vermeintlich wichtigen Gründen dieses Jahr darauf zu verzichten, tröstet sich mit der Aussage: »Ich habe ja noch zwanzig Jahre Zeit zum Hochseefischen.« Dies ist ein Trugschluss. Er hat nicht weitere zwanzig Jahre, sondern noch zwanzig Mal, um mit seinen Freunden in See zu stechen. Und wenn er sich entschließt, dieses Jahr nicht teilzunehmen, bleiben ihm noch genau neunzehn Mal. Bestenfalls. Denn auch das ist ihm nicht garantiert. Würde uns ein Blick auf die Uhr nicht die abgelaufene Zeit, sondern die noch verbleibende Zeit anzeigen, ich bin mir sicher, wir würden sie viel bewusster nutzen.

Ich weiß nicht, ob Sie den Punkt bereits hinter oder noch vor sich haben, an dem Ihre Vergangenheit länger ist als Ihre Zukunft, und Sie wissen das höchstwahrscheinlich auch nicht. Aber irgendwann kommen wir alle an diese Schwelle. Die Soziologin Monika Ardelt von der Universität Florida fand heraus, dass vor allem ein zufriedenes Leben die Angst vor dem Sterben mildert. Die Forscherin: »Paradoxerweise sind Menschen mit einem sinnerfüllten Leben eher bereit, dieses gehen zu lassen.«

Es ist nicht entscheidend, möglichst viele Ideen, Pläne oder Projekte zu haben. Viel wichtiger ist es, konkret zu handeln. Fassen Sie einen Entschluss und unternehmen Sie was.

Drei Frösche sitzen an einem heißen Sommertag auf einer Seerose und beklagen sich über die Hitze. Zwei der Frösche beschließen, ins erfrischende Wasser zu springen. Preisfrage: Wie viele Frösche sitzen noch auf der Seerose?

Antwort: Alle drei! Zwei haben zwar beschlossen, ins Wasser zu springen, doch tatsächlich gesprungen ist keiner – sie haben ihrer Entscheidung keine Aktion folgen lassen.

Falls es Ihnen ähnlich geht, werden Sie folgende Fragen jetzt eher ungern hören:

- Haben Sie heute schon das erledigt, was am wichtigsten ist?
- Haben Sie heute überhaupt schon etwas Wesentliches erledigt?

Oft verbringen wir eine Menge Zeit mit unwichtigen und unwesentlichen Dingen. Wenn Sie allerdings ein Unternehmen, ein Vorhaben, irgendein wichtiges Projekt oder eine Aufgabe erledigen wollen, dann ist dieses Verhalten wenig hilfreich.

Fragen Sie sich deshalb bitte selbst, welche Handlungen Sie aufschieben, obwohl Sie genau wissen, dass diese Sie weiterbringen würden. Liegt es an Faulheit, Trägheit, Antriebslosigkeit, Angst, Orientierungslosigkeit? Lassen Sie das nicht zum Dauerzustand werden.

## Der richtige Zeitpunkt

Der beste Moment, zu handeln, war gestern. Der zweitbeste ist jetzt.

Machen Sie es sich zur Gewohnheit, sofort mit der Umsetzung Ihrer Vorhaben zu beginnen. Warten Sie nicht auf den richtigen Zeitpunkt. Der kommt nämlich nie. Der richtige Zeitpunkt, um etwas in die Tat umzusetzen, ist immer JETZT! Fragen Sie sich bei allem, was Sie vorhaben: Was kann ich schon heute dafür tun? Beginnen Sie auf der Stelle mit der Umsetzung. Es gibt keine perfekte Vorgehensweise und keinen perfekten Zeitpunkt. Handeln Sie einfach!

Egal, wie Ihr persönliches Projekt aussieht, es ist an der Zeit zu starten, und zwar mit den Mitteln, über die Sie im Moment verfügen. Eines der wirkungsvollsten Erfolgsgeheimnisse ist es, einfach anzufangen. Warten bringt nichts mehr, jetzt heißt es: Los, tun Sie's! Seien Sie kein Frosch!

## Beginnen Sie mit einem kleinen Schritt innerhalb von 72 Stunden

Um es nicht bei guten Vorsätzen zu belassen: Wählen Sie ein Ziel aus, das – wenn Sie es jetzt gleich erreicht hätten – den größten positiven Einfluss auf Ihr Leben hätte. Ergreifen Sie unmittelbar eine Maßnahme direkt nach der Formulierung dieses Zieles, auch wenn der Weg noch nicht perfekt durchdacht ist. Sie können den Kurs später noch anpassen. Viel wichtiger ist es, den ersten Schritt auf Ihr Ziel innerhalb von 72 Stunden zurückzulegen, sonst machen Sie ihn höchstwahrscheinlich nie. Auf diesem Weg erzeugen Sie unmittelbar Momentum und bringen die Sache ins Rollen. Andernfalls sinkt die Chance, es überhaupt zu erreichen, auf 1:99.

## Kommen Sie ins Handeln

Wenn Sie sich vorgenommen haben, regelmäßig zu joggen, sollten Sie innerhalb von 72 Stunden das erste Mal laufen. Und wenn Sie zunächst nur ein paar Meter zurücklegen. Es kommt nicht darauf an, welche Strecke Sie beim ersten Mal bewältigen. Es würde sogar schon genügen, wenn Sie nur Ihre Laufschuhe anziehen und auf die Straße gehen würden.

Möchten Sie Ihr Zimmer oder Büro aufräumen, beginnen Sie mit einer Schublade. Holen Sie sie heraus und kippen Sie den ganzen Inhalt auf den Tisch oder auf den Boden. Das genügt fürs Erste. Am nächsten Tag fangen Sie an, die Gegenstände zu sortieren und nicht mehr benötigte Sachen auszumisten.

Wenn die Einkommensteuererklärung längst fällig ist, beginnen Sie damit, die Unterlagen zusammenzutragen. Oder füllen Sie zunächst nur den Mantelbogen aus.

Sie müssen ein Vorhaben nicht an einem Tag bewältigen. Es genügt, mit etwas zu starten, das den Stein ins Rollen bringt. Wenn Sie sich zu viel auf einmal vornehmen, kann das ein Grund dafür sein, alles hinzuschmeißen oder gar nicht erst anzufangen.

## Setzen Sie eine Deadline

Parkinsons Gesetz besagt, dass eine Aufgabe sich so lange hinzieht, wie man ihr Zeit gibt. Dementsprechend wird sich die benötigte Zeit für eine Sache auch in dem Maß ausdehnen, wie Sie ihr einräumen. Setzen Sie daher ganz bewusst eine kurze Frist für die Erledigung der Aufgabe.

### Was Sie sofort tun können:

- Machen Sie den ersten Schritt innerhalb von 72 Stunden.

### Was Sie ab morgen garantiert anders machen:

- Setzen Sie sich eine Deadline für jede größere Aufgabe.
- Gewöhnen Sie sich an, Ihre unangenehmste Aufgabe morgens als Erstes zu erledigen, statt sie auf später am Tag aufzuschieben. Sie werden sich den Rest des Tages wesentlich besser fühlen.

4

# Besprechungen

***»Grinsen, nicken und hoffen, dass es keine Frage war.«***

Meetings: Die praktische Alternative zur Arbeit

## Sind Sie betroffen?

- ☐ Sie nehmen grundsätzlich unvorbereitet an Meetings teil – warum sollten Sie es anders machen als der Sitzungsleiter?
- ☐ Die Teilnahme an Besprechungen liefert Ihnen eine willkommene Gelegenheit, um Ihre WhatsApp-Nachrichten abzurufen.
- ☐ Meetings enden bei Ihnen prinzipiell ohne Beschlüsse, das heißt, auch nach der Besprechung passiert nichts.

Wenn Sie zweimal zustimmen, sollten Sie weiterlesen.

Was ist das: Viele gehen hinein und nur wenig kommt dabei heraus? Der Blick auf die anstehenden Termine zeigt – es ist wieder Meeting-Zeit. Meetings sind eine der größten Verschwendungen von Zeit und Geld. Egal, ob Sie diese selbst leiten oder nur als Teilnehmer von einer Besprechung zur nächsten jagen. Tatsache ist: Nichts wird je in einem Meeting erledigt. Dennoch erinnert uns der Kalender fast täglich an diese unbeliebten, zeitraubenden Arbeitsbesprechungen.

## Es beginnt schon früh

Selbst, wenn Sie im Arbeitsleben davon verschont bleiben: Wenn Sie Kinder haben, sind Sie nicht minder schwer betroffen. Jedem Elternteil sind die allseits unbeliebten Elternabende geläufig. Wobei dieses Thema nicht erst mit Beginn der Schulpflicht relevant wird, da bereits Mütter (bitte verzeihen Sie mir diese rollenspezifische und gar nicht Gender-like, in diesem Fall aber durchaus den Tatsachen entsprechende Formulierung) im Kindergarten heftig diskutieren.

Bereits dort wird ausgiebig über die Verwendung des richtigen Klebstoffs philosophiert, während zu Hause Wichtiges wartet. Und wenn Sie sich sicher waren, dass die Wahl des Elternvertreters im Lauf der Jahre immer zügiger durchgewunken wird, weil der vorherige Amtsinhaber nach viel Zureden einfach nur einstimmig in seinem Amt bestätigt wird, kommt spätestens bei Sonstiges und Verschiedenes irgendeine mir stets verhasste Mutter eines höchstwahrscheinlich verzogenen Mitschülers oder einer unbeliebten Streberin, die eine Diskussion entfacht, in der sich unvermittelt alle anwesenden Elternteile unfreiwillig wiederfinden.

Und prompt wird aus dem um 19:00 Uhr beginnenden Elternabend, bei dem Sie gehofft hatten, bis zu Beginn des Spielfilms (ohne Einsatz der Time-Shift-Funktion) wieder zurück zu sein, unversehens ein Abend mit offenem Ende. Umso schlimmer, wenn Sie es für eine gute Idee halten, im Anschluss dann noch kurz etwas trinken zu gehen, um Sonstiges und Verschiedenes unendlich fortzusetzen.

## Das beste Meeting ist kein Meeting

Führungskräfte verbringen durchschnittlich 19 Stunden und 15 Minuten mit dem Sitzen in Meetings. Aber nicht nur das: Sie sind häufig alles andere als produktiv und motivierend. In einer Umfrage aus dem Jahr 2010 beklagten 2.000 befragte Manager, dass mindestens 30 Prozent der Zeit, die sie in Meetings verbrachten, reine Zeitverschwendung waren, weil ihnen Besprechungen nicht im Geringsten dabei helfen, ihre Arbeit zu erledigen. Diese Erkenntnis haben jedoch interessanterweise selten diejenigen, die die Besprechungen leiten, sondern zumeist nur die Teilnehmer.

Tatsache ist: Sinnlose Meetings kosten Unternehmen jährlich beträchtliche Summen. Denn während wir in einem Meeting sitzen, erledigt unser Wettbewerber seine Aufgaben. Schon die Einführung eines besprechungsfreien Tages pro Woche kann deshalb Wunder bewirken.

## Legen Sie ein klares und messbares Ziel fest

Die verbreitete Krux: Die Teilnehmer kommen einigermaßen pünktlich zusammen und kennen vielleicht noch die Tagesordnung, aber es ist völlig offen, was der eigentliche Zweck der Zusammenkunft ist. Dabei ist das Ziel einer Besprechung für den Erfolg essenziell. Sonst wird mehr oder weniger fröhlich und munter durcheinanderkommuniziert, aber am Ende weiß keiner, wer was wie und bis wann zu erledigen hat.

## Bestimmen Sie die Tagesordnungspunkte

Kein Meeting ohne eine klare Agenda. Hier gilt: Weniger ist mehr. Sorgen Sie dafür, dass jeder Teilnehmer bereits im Vorfeld genau weiß, worum es geht und was seine Rolle dabei ist. Ein Meeting ohne Agenda ist die reinste Zeitverschwendung. In dem Fall sollten Sie es am besten in einen Biergarten verlegen oder gleich komplett absagen.

## So wenig Teilnehmer wie möglich

Laden Sie weniger Teilnehmer und nur diejenigen ein, die Sie brauchen – die Produktivität sinkt, je mehr Menschen anwesend sind. Genau genommen gibt es nur zwei gute Gründe, warum jemand an einer Besprechung teilnehmen sollte: Entweder er kann etwas dazu beitragen oder er kann etwas lernen. Dazwischen gibt es nichts. So einfach ist das.

## Drehen Sie die Agenda um

Setzen Sie den üblicherweise letzten Punkt jeder Agenda an den Anfang und beginnen Sie mit dem Punkt »Verschiedenes« oder »Sonstiges«. Das ist der Punkt, der sich erfahrungsgemäß stets am längsten hinzieht. Am Anfang einer Besprechung werden Sie ihn jedoch in Windeseile abhaken können.

## In der Kürze liegt die Würze

Fangen Sie damit an, 50-Minuten-Besprechungen zu planen. In den zehn Minuten zwischen den Besprechungen können die Teilnehmer ihre Mails lesen und wichtige Telefonate führen. Das verhindert auch, dass die Teilnehmer während der Besprechung ständig auf ihre Handys schauen.

Terminieren Sie daher das Meeting zu einer Zeit, zu der Sie mit einem schnelleren Ablauf schon alleine aus dem Grund rechnen dürfen, weil die Teilnehmer ungeduldig werden. Legen Sie den Beginn doch einfach auf kurz vor die Mittagspause oder den Feierabend. Sie werden kaum glauben, wie sehr ein Meeting um 11.45 Uhr oder um 17.15 Uhr die Dauer verkürzt.

## Legen Sie das Ende des Treffens fest

Jede Besprechung dehnt sich grundsätzlich über den Zeitraum hinaus aus, der für sie angesetzt wurde. Das bedeutet: Wenn Sie zwei Stunden ansetzen, werden die Teilnehmer diese zwei Stunden auch ausfüllen, egal was und wie viel auf der Agenda steht. Legen Sie daher nicht nur den Beginn des Meetings fest, sondern definieren Sie von vornherein auch das vorgesehene Ende der Veranstaltung. Besprechungen mit »open end« haben in der Regel auch ein solches.

Wichtig: Halten Sie die vorgesehene Endzeit unbedingt ein. Beenden Sie das Meeting zu dem in der Agenda genannten Zeitpunkt auch dann, wenn die Agenda noch nicht vollständig abgearbeitet ist.

## Setzen Sie eine Stoppuhr ein

In Fernsehshows gibt es für den Moderator einen digitalen Countdown, der die noch verbleibende Zeit anzeigt. Dieses Mittel macht sich auch Google zunutze. In den Meetings des Konzerns ist für jeden Teilnehmer eine Stoppuhr zu sehen. Damit wissen alle Anwesenden, wie viel Zeit bereits abgelaufen ist und wie viel noch bleibt.

## Verbannen Sie die Kekse

Halten Sie den Wohlfühlfaktor so gering wie möglich und verzichten Sie auf jedwede Bewirtung während Ihrer Besprechungen. Die Teilnehmer sollten so schnell wie möglich zurück an die Arbeit, um die besprochenen Punkte umzusetzen. Eine zu heimelige Atmosphäre steht diesem Ziel entgegen.

## Führen Sie ein Protokoll

Beenden Sie das Meeting nie, ohne eine Maßnahmenliste erstellt zu haben. Protokolle sind allerdings nicht dazu da, um Meetings zu dokumentieren. Das Einzige, was in ein Protokoll gehört, sind Entscheidungen und Aufgaben. Nicht mehr und nicht weniger.

Klären Sie den nächsten zu erledigenden Schritt und legen Sie fest, wer dafür verantwortlich ist. Wichtig ist, dass die erforderlichen Schritte unmittelbar noch während des Meetings festlegt und sofort an alle Beteiligten weitergegeben werden.

Entscheidend ist, dass das Protokoll unmittelbar im Anschluss an alle Teilnehmer verteilt wird. Zur Not kopieren Sie es und drücken es jedem Teilnehmer in die Hand.

### Was Sie sofort tun können:

- Definieren Sie im Vorfeld das Ziel jeder Besprechung.

### Was Sie ab morgen garantiert anders machen:

- Kein Meeting ohne klar definierte Ziele und ohne Agenda, in der diese benannt werden.
- Das Protokoll wird im Anschluss unmittelbar an alle Teilnehmer verteilt.

# 5

# Beziehungen (unglückliche)

***»Ich weiß zwar nicht, was ich ohne dich machen soll, aber ab morgen probiere ich's mal ...:«***

Wenn sich alle Menschen aus ihren unglücklichen Beziehungen lösen würden, wäre auch endlich wieder vernünftiges Material auf dem Markt.

---

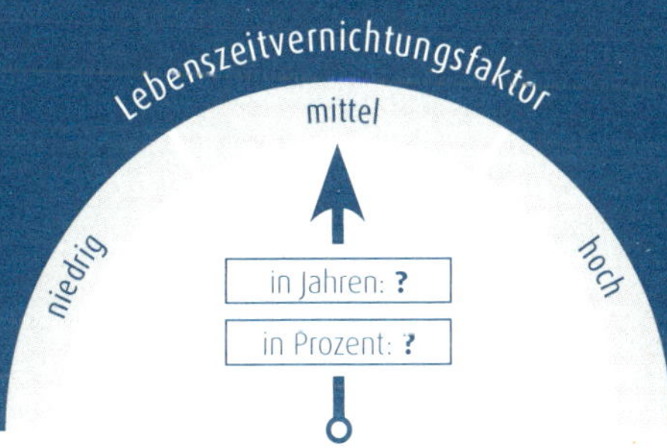


## Sind Sie betroffen?

- ☐ Ihr Jogginganzug ist älter als Ihre Beziehung.
- ☐ »Bring bitte den Müll raus« ist das Liebevollste, was Sie in den letzten Jahren von Ihrem Partner gehört haben.
- ☐ Wäre das Datum Ihres Hochzeitstages nicht in den Ring graviert, wüssten Sie es nicht.

Wenn Sie zweimal zustimmen, sollten Sie weiterlesen.

Was der Kenner der gepflegten Zeitverschwendung durchaus als die »Hohe Schule« des Überflüssigen bezeichnen würde, stieß bei der Verlagssuche nur bedingt auf Anklang.

Sind Beziehungen doch die Grundlage für Familien und damit die Basis unserer Gesellschaft. Mit anderen Worten, eine Art heilige Kuh. So weit, so gut. Doch der entscheidende Punkt dieses Kapitels steht in Klammern.

Versöhnlicherweise sei daher angemerkt: Jede unglückliche Beziehung (und damit meine ich keine Meinungsverschiedenheit) verhindert im Grunde, dass zwei Menschen möglicherweise in anderer Zusammenstellung eine glückliche Beziehung führen können. Und wenn wir dies auch auf weitere Partnerschaften ausweiten, gilt das bereits für vier Personen.

Trotzdem an dieser Stelle der Warnhinweis: Bedenken Sie vor jeder weitreichenden Entscheidung die Konsequenzen. Und ziehen Sie nach Möglichkeit erst mögliche Alternativen in Erwägung.

## Gibt es sie noch, die Magic Moments?

Wer nur auf der Couch rumlungert in einem Jogginganzug, der so alt ist wie die Beziehung selbst, darf sich über mangelndes Interesse nicht wundern. Wenn Ihr Partner Ihnen irgendwann den Laufpass gibt, geht das ganze Drama wieder von vorne los: Sportstudio, Solarium, Friseurtermine und neue Klamotten …

Manchmal kann es daher durchaus sinnvoller sein, rechtzeitig etwas für die Beziehung und Partnerschaft zu tun, bevor sie in die Brüche geht. Zumal wir bedenken sollten, dass wir auch in einer neuen Beziehung der konstante Teil sind.

69 Prozent aller Konflikte in Beziehungen sind unlösbar, weil sie auf stabilen Persönlichkeitseigenschaften beruhen. Demnach ist es durchaus der Königsweg, an sich selbst zu arbeiten. Trägt man wirklich alles zu einer gelingenden Beziehung bei? Was kann man verbessern?

Wird es Sie auf Dauer mehr Energie kosten, die Beziehung aufrechtzuerhalten oder ein neues Kapitel aufzuschlagen? Was es hierzu braucht, ist in erster Linie Mut. Und Ehrlichkeit. Vor allem sich selbst gegenüber. Fragen Sie sich doch einmal: Wer ist der wichtigste Mensch in meinem Leben? Ohne den gar nix läuft? Als Antwort erhalten Sie eine Weltmacht mit drei Buchstaben.

Bequemlichkeit ist natürlich auch eine Option: Manche Paare bleiben einfach nur zusammen, weil sie nicht alleine sein wollen und wenige Alternativen zum aktuellen Partner zu haben glauben. Hört sich das in Ihren Ohren fies an? Ist es aber gar nicht. Schauen Sie sich doch mal um: Wie viele der Langzeitpaare, die Sie kennen, sind zusammen, weil sie sich noch leidenschaftlich lieben? Und wie viele (ver)bindet das gemeinsam gebaute Haus, ein Schuldenberg und die Kinder?

By the way: Immobilien, Kinder und materielle Aspekte (was für ein Kontrast) sind häufig der Hauptgrund, in unglücklichen Beziehungen zu verharren. Was für eine Verschwendung Ihres Daseins. Vielleicht wartet etwas viel Besseres auf Sie?

Vielleicht auch nicht. Aber wenn Sie es nicht versuchen, werden Sie es nie herausfinden. Manchmal muss man Umwege machen, um auf den richtigen Weg zu kommen.

Hat sich das mit der Verliebtheit erst einmal gelegt, dann tun sich bisweilen Abgründe auf: Durchhaltevermögen, Standhaftigkeit, mangelnde Alternativen und Bequemlichkeit sind dann wichtiger als Leidenschaft, denn die verdünnisiert sich bei den meisten Paaren nach einigen Jahren.

Es gibt vier typische Anzeichen, die das Scheitern einer Beziehung ankündigen:

1. Kritik
   Wer beschuldigt und angeklagt wird, fühlt sich immer attackiert.
2. Verteidigung
   Die natürliche Reaktion darauf ist Verteidigung. Wer sich rechtfertigt, hält jedoch den Konflikt am Leben oder macht ihn noch schlimmer.
3. Rückzug
   Ein weiteres Anzeichen ist der Rückzug. Ein Verhalten, das jemand zeigt, der sich machtlos fühlt. Er verschränkt die Arme,

vermeidet Augenkontakt, schaltet auf Durchzug. Das sieht nach Desinteresse aus und macht den Partner noch wütender. Dieses »Mauern« tritt typischerweise bei erhöhtem Puls auf. Es ist eine Verzweiflungstat.

4. Verachtung
   Das vierte Anzeichen ist die Verachtung. Ein leichtes Augenrollen, auf den Partner heruntersehen, ihn nicht ernst nehmen. Verachtung gibt es in glücklichen Beziehungen nicht. In unglücklichen dominiert sie.

In dem Moment, in dem sich alles nur noch als Kompromiss anfühlt, ist das Opfer zu groß. Wenn elementare Werte dauerhaft kollidieren, sollte man die Konsequenzen ziehen – auch wenn's schwerfällt. Oft ist der Weg da, wo die Angst am größten ist.

Beziehungen, die langsam zerfallen, haben weniger mit den oben genannten Anzeichen zu tun als mit emotionaler Loslösung: Mit der Zeit schleicht sich eine Gewohnheit des Denkens ein: Die Partner blenden Positives an dem anderen aus und nehmen Negatives zu stark wahr. Neutrale Beobachter merken das – das Paar selbst nicht. Es bleibt zusammen, lebt nebeneinanderher, zieht Kinder groß. In solchen Beziehungen gibt es häufig Affären. Erst wenn die Kinder groß sind, trennt sich das Paar, nach im Schnitt 16,2 Jahren.

Die Analysen des Psychologen und Paarforschers John Gottman zeigen, dass solche Beziehungen zwar wenig negative Interaktionen haben – aber auch so gut wie keine positiven.

Die Partner lachen nicht zusammen, es gibt kein Necken und kein Mitgefühl, kein Interesse am anderen. Zu lange haben die Partner ignoriert, was dem anderen wichtig ist, waren zu sehr auf sich selbst fixiert, auf ihren eigenen Vorteil. Wissenschaftlich fundierte Berechnungen zeigen auf, was alles schiefgehen kann, wenn jeder der Partner versucht, vor allem seinen eigenen Standpunkt durchzusetzen. Ob es nur darum geht, den Abwasch zu machen oder wie häufig man miteinander schläft.

Reagiert ein Partner negativ darauf, wenn der andere gerade keine Lust auf Sex hat, dann wird das Paar langfristig noch weniger Sex haben. Eine mathematische Tatsache. Der Gewinn des einen ist dann der Verlust des anderen. Einer fühlt sich gut, der andere schlecht. Das schafft eine emotionale Kluft zwischen den Partnern. Jedes Mal, wenn wieder einer gewinnt und einer verliert, wird sie größer. Reagiert der Partner aber positiv, etwa mit »Danke, dass du mir das sagst und ehrlich zu mir bist«, wird das Paar langfristig mehr Sex haben.

Es geht vor allem darum, den Partner positiv wahrzunehmen. Den Fokus darauf zu legen, was man am anderen wertschätzt, statt auf das, was einem fehlt. Dann kann man auch wieder positiv auf den anderen reagieren. Und das ist das Allerwichtigste.

Die Wissenschaft ist sich einig, dass es vor allem fünf Komponenten gibt, die für eine dauerhaft glückliche Beziehung verantwortlich zeichnen:

1. Humor
   Zusammen lachen zu können ist eine wichtige Basis für eine gelingende Beziehung.
2. Ziele
   Auch gemeinsame Ziele sind für eine gute Partnerschaft von essenzieller Bedeutung.
3. Duft
   Den anderen wortwörtlich »gut riechen« zu können, ist eine elementare Voraussetzung für eine glückliche Beziehung.
4. Kuscheln
   Das beim Schmusen freigesetzte Hormon Oxytocin reduziert, als Gegenspieler des Stresshormons Cortisol, negative Gefühle wie Angst und Aggressionen und hat damit Einfluss auf unsere Beziehung.
5. Zuhören
   Wenn der Partner das Gefühl hat, sich mit allem, was ihn ausmacht, öffnen zu können, ohne negative Konsequenzen fürchten zu müssen, dann erreicht man die maximale Nähe zwischen zwei Menschen.

### Was Sie sofort tun können:

- Listen Sie auf, wie Sie einen Menschen behandeln würden, der Ihnen absolut wichtig und wertvoll ist.

### Was Sie ab morgen garantiert anders machen:

- Listen Sie auf, was Sie sich in einer Beziehung wünschen.
- Sagen Sie zu Ihrem Partner: »Das ist dir offenbar sehr wichtig, deshalb höre ich jetzt einfach mal zu.«

6

# Bürokratie

***»Ziehen Sie eine Nummer und warten Sie, bis Sie aufgerufen werden.«***

Vom hoffnungslosen Kampf gegen Windmühlen

**Sind Sie betroffen?**

- ☐ Sie lesen dieses Buch, während Sie gerade im Gang sitzen und darauf warten, dass Ihre Nummer aufgerufen wird.
- ☐ Sie kaufen bevorzugt dreilagiges Toilettenpapier, da man erfahrungsgemäß für jeden Scheiß zwei Durchschläge benötigt.
- ☐ Sie scheitern regelmäßig daran, Ihre Steuererklärung fristgerecht fertigzustellen, weil Sie den Überblick verloren haben, welche Anlagen Sie ausfüllen müssen.

Wenn Sie zweimal zustimmen, sollten Sie weiterlesen.

Ein besonders ärgerliches Übel ist die hierzulande verbreitete Bürokratie. Widmet man sich diesem Thema einmal näher, kann man auch ohne Weiteres die Frage beantworten, warum in Deutschland überwiegend dreilagiges Toilettenpapier verkauft wird. Einfach, weil man für jeden Scheiß zwei Durchschläge braucht.

## Bestes Beispiel: deutsche Behörden

Pro Jahr werden in Deutschland im Schnitt 150 neue Gesetze und Verordnungen erlassen – darunter immer auch mal wieder wundersame Kuriositäten.

Die Klage mit dem niedrigsten Streitwert, den das höchste deutsche Zivilgericht, der Bundesgerichtshof in Karlsruhe, je entscheiden musste, betrug ganze 0,22 Euro.

Ganz besonders erstaunliche Ergebnisse gibt es, wenn die typisch deutsche Neigung zum zusammengesetzten Hauptwort mit dem alltäglichen Bürokratenwahnsinn zusammentrifft. Im Zuge der Rinderseuche BSE wurde in Mecklenburg-Vorpommern am 13.10.1999 führte folgender Gesetzesentwurf im Landtag zur längsten Gesetzesbezeichnung: Rinderkennzeichnungs- und Rindfleischetikettierungsüberwachungsaufgabenübertragungsgesetz (RkReÜAÜG M-V)

Auch schön: Das Landesseilbahngesetz von Mecklenburg-Vorpommern – dort gibt es nämlich keine einzige Seilbahn. Eine EU-Richtlinie hatte das Gesetz trotzdem notwendig gemacht. Sonst hätten dem Land bei Nichteinführung bis zu 791.000 Euro Strafe täglich gedroht.

Besonderen Erfindungsreichtum bewies die deutsche Justiz zu allen Zeiten beim Steuergesetz: Im 18. Jahrhundert etwa musste jeder Bürger von Hannover, der nicht jährlich eine Mindestanzahl Spatzen ablieferte, eine Spatzensteuer zahlen – vermutlich, weil zum Vertreiben der Piepmätze aus den Saatvorräten nicht genug Katzen vorhanden waren. Von denen aber gab es ein Jahrhundert später im pfälzischen Emmerzhausen offenbar viel zu viele – weshalb flugs eine Katzensteuer eingeführt wurde.

Und das Bundesfinanzministerium erklärte in einer Ausgabe des Bundessteuerblatts, dass der Tod keinesfalls als »dauernde Berufsunfähigkeit« anzusehen sei. Diese seltsame Klausel soll eigentlich nur verhindern, dass ein Ableben als Steuervorteil geltend gemacht werden kann.

In weiten Teilen ist die Digitalisierung noch nicht einmal ansatzweise angebrochen. Man zieht brav eine Nummer und wartet, bis man dran ist. Auch Kästen für den Einwurf von Onlineformularen wurden bereits in manchen Ämtern gesichtet. Leider sind wir gegenüber Bürokratie nahezu machtlos, da sich dieser Umstand kaum ändern lässt. Denn dummerweise ist es aufgrund der Tatsache, dass es keinen Wettbewerb gibt, an dem man durch Tempo vorbeiziehen müsste, in Sachen Geschwindigkeit nicht weit her.

Anders verhält es sich glücklicherweise in der freien Marktwirtschaft. Leider sind Unternehmen, die mit komplizierten und vor allem unnötigen Arbeitsschritten ihre Kunden gängeln, weit verbreitet.

## Vorschriften-Wahnsinn in der Apotheke

So erklärte ein Apotheker unlängst, dass er aufgrund einer Richtlinie alle fünf Jahre mit einem Foto beweisen müsse, dass er einen Spiegel sowie eine Bohrmaschine im Laden habe. Den Spiegel, damit Kunden Kompressionsstrümpfe anprobieren können. Die Bohrmaschine, damit er beispielsweise Rollstühle reparieren könne, die er überhaupt nicht vertreibt. Auch ist er verpflichtet, eine Leiter zu besitzen und seine Mitarbeiter einmal im Jahr für den Umgang mit dieser zu schulen. Dabei helfen soll eine 38-seitige Anleitung.

Gehen wir über zum Sport: Das erst 2006 erbaute Stadion des 1. FC Magdeburg musste aufgrund der statischen Fehlplanung für sechs Millionen Euro umgebaut werden. Und bis das erfolgt war, durften die Zuschauer vor Begeisterung über den Spielstand bitte nicht »hüpfen«.

Bleiben wir beim Fußball: Da ist man beispielsweise in fast allen modernen Fußballstadien so weit, komplett auf Bargeld zu verzichten, und gibt entsprechende Karten aus (was für sich betrachtet bereits ein dankbares Geschäftsmodell ist): Richtig interessant wird es jedoch erst, wenn eine dieser Karten einmal zu Bruch geht, wie dies einem meiner Kunden kürzlich widerfahren ist, nachdem er sich leichtfertig darauf gesetzt hatte.

Vom vielversprechenden Halbzeitstand seiner Frankfurter Eintracht beseelt, stellte er sich unbeirrt am nächstgelegenen Verkaufsstand an, um sich danach zu erkundigen, wie er denn nun an etwas zu trinken gelangen könne. Freundlich, aber bestimmt wurde er an einen Schalter verwiesen, der sich – wie könnte es anders sein – im exakt gegenüberliegenden Teil der Arena befand. Nichtsdestotrotz machte er sich auf den Weg – auch, um nicht zu verdursten –, zumal sich ja auf seiner inzwischen leider unbrauchbar gewordenen Karte immerhin noch etwa 30 € Guthaben befanden.

Angekommen an diesem Schalter, sah er ein einzelnes junges Mädchen hinter einer Glaswand sitzen, die weder mit Laptop noch anderen Utensilien bestückt war, sondern nach dem Vorzeigen seiner Karte ihm schlicht ein A4-Formular gab, das er ausfüllen und gemeinsam mit der Karte an den Herausgeber einschicken solle, und in Verbindung mit seinen Kontodaten würde ihm dann das auf der Karte enthaltene Guthaben binnen vier Wochen überwiesen. Willkommen in der Bürokratiehölle!

Welche Stilblüten es in anderen Fällen treibt, davon weiß wohl jeder ein Lied zu singen: ob sich das Ziehen von Wartemarken inzwischen auch auf die Fleischtheke im Supermarkt ausweitet, das Ausfüllen der Meldedaten am Hotelempfang oder vergleichbare Hindernisse.

Haben Sie es auch schon aufgegeben, sich darüber zu wundern, warum Sie beim Einchecken im Hotel jedes Mal Ihre Adresse von Hand eintragen müssen, obwohl alles aus Ihrer Mail hervorging und bereits vorliegt? Suchen Sie für alle Optionen, die Ihre Zeit über Gebühr in Anspruch nehmen, eine Online-Alternative. Checken Sie Webseiten nach entsprechenden Möglichkeiten. Ich weiß, dass dies an sich ebenfalls Zeitverschwendung bedeutet, die aber im Verhältnis weit geringer ausfallen dürfte, als stundenlang wartend in einer Behörde zu verbringen. Sie müssen es ja nicht gleich halten wie beispielsweise in New York, wo Sie Leute dafür beauftragen können, für Sie in der Schlange zu stehen. Mit entsprechendem Zuschlag bei schlechtem Wetter, versteht sich. Professionelle Ansteher quasi. Vielleicht ja eine tolle Geschäftsidee für Sie, in jedem Fall aber sollten Sie nach Möglichkeit den Service nutzen, jemanden mit einer Vollmacht auszustatten, den Sie dafür bezahlen, dass er seine Wartezeit verschwendet, statt Ihrer.

In München hat sich deshalb ein Start-up genau dieser Geschäftsidee verschrieben: Seinen Kunden lästige Behördengänge abzunehmen. Sie beantragen beispielsweise Parkausweise, melden den Wohnsitz um oder holen fertige Personalausweise ab. Auch bei anderen Erledigungen hilft das Start-up gerne aus: Mitarbeiter holen beispielsweise auch Pakete vom Zoll oder der Post ab, lassen die Autoreifen wechseln oder erneuern den TÜV.

Bislang bietet der Dienst die Behördengänge leider ausschließlich in München an. Dort können sich Studenten bewerben – als Grundvoraussetzungen werden Zuverlässigkeit, Pünktlichkeit und ein freundliches Auftreten angegeben. Der Stundensatz liegt zwischen acht und zwölf Euro.

Ebenfalls nicht ausgelassen werden darf in dieser Aufzählung auch der freundliche Hinweis diverser Sekretärinnen, Ansprechpartner X sei gegenwärtig a.) nicht im Hause oder b.) in einem Meeting oder c.) im Urlaub und man möge ihm doch eine E-Mail schreiben. Hätte ich eine E-Mail schreiben wollen, hätte ich nicht angerufen. Warum werde ich genötigt, die Aufgabe, für die eine Sekretärin bezahlt wird, zu übernehmen? Das grenzt ja fast schon an diverse Onlinedienste, die inzwischen dazu übergehen, uns die Arbeit oder ihren Kunden die Arbeit aufs Auge zu drücken, für die sie früher ursprünglich bezahlt wurden. Beispiele hierfür gibt es unzählige.

Ähnliche paradoxe Regelungen gibt's sonst nur noch bei der Mülltrennung, die in Deutschland wie in kaum einem anderen Land reglementiert und gleichzeitig so sinnlos wie ein Kropf ist: So ist es durchaus möglich, dass Sie in einem Dorf Papier und Plastik in ein und dieselbe Wertstofftonne werfen und im Nachbarort ein paar Meter weiter streng zwischen Grün und Gelb getrennt wird. Das Ergebnis ist allemal unbefriedigend: Am Ende des Tages landet nicht nur alles auf einem Band, sondern auf einem riesigen Müllberg, der zu allem Überfluss auch noch verbrannt wird.

Ein wahrer Quell bürokratischen Irrsinns stellt Brüssel dar. In der Zentrale der Europäischen Union werden in ungeahnter Reglementierungswut regelmäßig uferlose Hürden wider den gesunden Menschenverstand ersonnen. Jüngstes Beispiel: die im Mai 2018 europaweit eingeführte Datenschutzgrundverordnung (DSGVO).

Besagt sie nicht nur, dass jedwede Daten keinesfalls außer Landes gespeichert werden dürfen, um den Einfluss amerikanischer Datenkraken zu minimieren und ein Zeichen gegen den NSA-Skandal zu setzen. Gleichermaßen werden durch das ungefragte Speichern unserer Präferenzen auch die so nützliche Funktionen wie etwa Cookies unterbunden. Durch sie waren wir immer wieder verwundert, warum wir auf Amazon genau die Artikel angezeigt bekommen, die wir uns zuvor angesehen haben. Allerdings werden wir nun mit unserem Facebook-Account nicht mehr erkannt oder können Blogbeiträge nicht mehr ohne weiteres teilen.

Wäre aber sicherlich zu verkraften, würde die Verordnung nicht jedem Webseitenbetreiber das Leben unverhältnismäßig erschweren. So gab es beispielsweise die Anforderung, die Datenschutzerklärung zu einem mehrseitigen Pamphlet auszuweiten, das vom Nutzer vor jedweder Formularanforderung akzeptiert werden muss.

Besser noch: Die Auswüchse dieser Regelung machen es unmöglich, im Anschluss an eine ausgetauschte Visitenkarte per Telefon oder E-Mail Kontakt aufzunehmen, wenn dies nicht auf der Rückseite der Visitenkarte schriftlich als erwünscht dokumentiert wurde. Wie sollte man auch sonst darauf schließen, dass eine ausgetauschte Visitenkarte diesem Zweck dienen könnte?

### Was Sie sofort tun können:

- Nutzen Sie die nächste Wartezeit für das Lesen des Kapitels »Ärgern«.

### Was Sie ab morgen garantiert anders machen:

- Suchen Sie nach schnelleren Online-Alternativen bei Behörden.
- Engagieren Sie jemanden, der für Sie ansteht.

7

# E-Mails

***»Wer früher auf dem Schulhof gepetzt hat, setzt heute den Chef in cc«***

Früher haben wir nur Leuten geschrieben, die wir auch kannten.

**Sind Sie betroffen?**

- ☐ Sie erhalten eine akustische Benachrichtigung beim Eintreffen neuer E-Mails.
- ☐ Sie checken Ihre E-Mails noch vor dem Aufstehen oder Zu-Bett-Gehen.
- ☐ Wenn Sie nicht wissen, was Sie tun sollen, rufen Sie Ihre E-Mails ab und richten Ihre Tätigkeit am Inhalt aus.

Wenn Sie zweimal zustimmen, sollten Sie weiterlesen.

Bearbeiten, Checken, Weiterleiten, Löschen …

Der Abruf unseres Posteingangs beginnt zwischenzeitlich bereits lange vor dem Zähneputzen und setzt sich bis nach dem Zu-Bett-Gehen fort.

Kaum etwas hat unsere Lebens- und Arbeitszeit so verändert wie E-Mails. Ursprünglich waren sie einmal dazu gedacht, Kommunikationsprozesse zu vereinfachen und zu beschleunigen.

Mittlerweile hat sich das E-Mail-Konto zum massiven Belastungsfaktor entwickelt. Eine Auswertung des E-Mail-Aufkommens in Deutschland hat ergeben, dass 2017 ganze 771 Milliarden E-Mails versandt wurden – mehr denn je. Gefühlt ist etwa die Hälfte davon alleine in meinem Posteingang gelandet.

Das entspricht einem Zuwachs von 23 Prozent gegenüber dem Vorjahr. Und die Prognose für 2018 sagt eine weitere Steigerung um 146 Milliarden E-Mails voraus – kaum zu glauben, oder?

Neben der wachsenden Zahl an Spam, Viren- oder Phishing-Mails steigt auch die Zahl der »normalen« E-Mails immer weiter. Wir erhalten unzähligen Info-Müll, unnötige CC-Kopien, allgemeine Rundsendungen, überflüssige Antworten, Benachrichtigungen aus Netzwerken oder vermeintlich lustige Anhänge von Freunden.

Die Mail-Flut ist derart angestiegen, dass sie nicht nur Zeit kostet, sondern auch Stress und Krankheiten verursacht. Immer mehr Menschen leiden unter der wachsenden Belastung durch zu viele Mails und dem Druck, schnell antworten zu müssen.

Tatsache ist: Die E-Mail zählt nach wie vor zu den wichtigsten Kommunikationskanälen. Gleichzeitig ist das Bearbeiten von E-Mails einer der größten Zeitfresser schlechthin.

Wer nichts tun will, schreibt wenigstens E-Mails. Und wer etwas tun will, muss stattdessen E-Mails beantworten. Nach Aussage US-amerikanischer Psychologen verlieren Menschen, die ständig neue Mails lesen und beantworten, die Fähigkeit, dauerhaft an Projekten zu arbeiten. Wissenschaftlichen Studien zufolge raubt jede E-Mail erst einmal für mindestens 15 Minuten die Konzentration.

Auch ich erhalte unzählige Mails pro Tag. Würde ich alle sofort beantworten, wäre dieses Buch wohl nie geschrieben worden. Unterwegs oder zwischen zwei Aufgaben kann es durchaus sein, dass Sie die Angewohnheit, kurz den Posteingang zu überprüfen, nicht besonders aufhält. Aber sobald man an etwas arbeitet, ist es keine sonderlich gute Idee, seine E-Mails abzurufen. Ausgenommen natürlich, Sie wissen ohnehin nicht so recht, was Sie zu tun haben, oder sind für die entsprechende Aufgabe so ganz und gar nicht motiviert. Dann wiederum sollten Sie Ihren Posteingang natürlich fortlaufend kontrollieren, um sich vor bedeutenderen Tätigkeiten erfolgreich zu drücken.

Was uns häufig nicht klar ist: Unabhängig von unserer Aufgabe sind E-Mails grundsätzlich immer eine Störung. Lassen Sie sich nicht vom Diktat des Dringlichen täuschen. Denn jede E-Mail, der Sie sich widmen, bedeutet, dass Sie gerade auf der To-do-Liste eines Anderen stehen.

Eine Studie der Universität London aus dem Jahr 2005 fand heraus, dass unser Intelligenzquotient im Durchschnitt um zehn Punkte abnimmt, wenn wir durch eingehende E-Mails abgelenkt werden. (Das ist übrigens mehr als doppelt so viel, als das Rauchen eines Joints verursacht.)

Fakt ist: Ihre Lebensqualität wird durch E-Mails nicht erhöht. Niemand wird sich am Ende seines Lebens auf dem Sterbebett liegend wünschen, er hätte mehr Zeit für die Beantwortung von E-Mails aufbringen sollen.

Erinnern Sie sich zurück an Ihren letzten 14-tägigen Urlaub: der erste Tag nach dem Urlaub, wenn Sie den Rechner hochfahren, um Ihre Mails abzurufen: Hunderte ungelesener E-Mails sind keine Seltenheit. Man ist versucht, allen mit einem einzigen Klick zu antworten: »Sehr geehrte Damen und Herren, aufgrund eines überhöhten E-Mail-Aufkommens durch urlaubsbedingte Abwesenheit war ich leider gezwungen, alle Mails ungelesen zu löschen. Wenn es besonders wichtig war, schreiben Sie mir bitte erneut.«

Sie sind safe. Was jetzt noch kommt, sind maximal 20 Prozent. Beantworten Sie einfach nur die. Wenn Sie sich das nicht trauen, verzichten Sie auf die Allen-Antworten-Funktion und suchen sich gleich die 20 Prozent aus, die entscheidend sind.

## Schritte zum leeren Posteingang

Ob Sie nun zu derart radikalen Maßnahmen greifen oder einige der nachfolgenden Methoden vorziehen. Ob es Ihnen gelingt, in Zukunft wertvolle Lebenszeit zurückzugewinnen, wird im Wesentlichen davon abhängen, ob Sie in der Lage sind, die Mail-Flut zu bändigen. Unternehmen Sie etwas dagegen und gehen Sie auf strikte Informationsdiät (siehe »Informationsüberflutung«). Hier fünf wesentliche Strategien, um diese Herausforderung zu meistern.

## Widerstehen Sie dem Impuls

Für den Fall jedoch, dass Sie längere Zeit konzentriert am Stück arbeiten wollen, deaktivieren Sie den automatischen Abruf von E-Mails und vor allem die Pop-up-Benachrichtigungen sowie den Sound beim Eintreffen neuer Nachrichten. Am besten installieren Sie eine Barriere: Was auch immer es Ihnen schwerer macht, Ihre Mails zu checken – setzen Sie es ein.

## Keine E-Mails am Vormittag

Als ich noch vor einigen Jahren in meinen Vorträgen den Tipp gab, seine E-Mails nicht morgens als Erstes abzurufen, meinte ich damit nicht als Erstes, nachdem man im Büro angekommen ist. Inzwischen werden zwei Drittel der Mails auf dem Smartphone abgerufen. Heute muss ich daher ergänzen: »Warten Sie wenigstens bis nach dem Zähneputzen!«

Beginnen Sie Ihren Arbeitstag grundsätzlich nicht mit dem Abrufen von Mails, sondern mit Ihrer wichtigsten Aufgabe, die Sie sich für diesen Tag vorgenommen haben. Machen Sie sich erst mittags oder nachmittags an die Bearbeitung Ihrer Mails.

## Blockweise Bearbeitung

Rufen Sie Ihre E-Mails stattdessen manuell zu wenigen, festgelegten Blöcken ab. Arbeitswissenschaftler raten zu zwei bis vier Blöcken pro Tag. Führen Sie diese Blöcke grundsätzlich zu klar festgesetzten Zeiten durch. Rufen Sie neue Nachrichten en bloc beispielsweise um 11.30 und 16.30 Uhr ab.

Legen Sie im Vorfeld eine feste Dauer zur Bearbeitung Ihrer E-Mails fest und bleiben Sie strikt und ohne Ausnahme innerhalb dieses vorgegebenen Zeitrahmens. Am besten stellen Sie sich einen Timer. Gehen Sie während dieser Zeit alle Mails durch. Mein Zeitrahmen beträgt 45 Minuten, Ihre Bearbeitungszeit kann variieren, je nachdem, wie viele Mails Sie bekommen.

## Reagieren Sie direkt, wo es nötig ist

Oft denken wir, dass wir auf jede Mail reagieren müssen. Das stimmt nicht. Löschen Sie alle unwichtigen Mails so weit wie möglich. Fragen Sie sich: »Was ist das Schlimmste, das passieren kann, wenn ich diese Nachricht lösche?« Wenn die Antwort keine allzu schwerwiegenden Folgen hat, löschen Sie sie und machen Sie weiter. Sie können nicht auf alles antworten. Wählen Sie deshalb die wichtigsten Nachrichten aus.

Bei den verbleibenden E-Mails in Ihrem Posteingang handelt es sich aller Wahrscheinlichkeit nach um wesentliche Nachrichten. Um diese so schnell wie möglich anzugehen, erledigen Sie sofort alles, was weniger als fünf Minuten dauert. Und gewöhnen Sie sich an, eine Antwort-Mail ebenfalls innerhalb von fünf Minuten zu erstellen. Beschränken Sie sich auf maximal fünf Sätzen für jede Antwort. Oft genügt sogar eine kürzere Mail.

## Smartphone-Signatur nutzen

Unter der rasant wachsenden Anzahl eigehender Mails dank der zunehmenden Verbreitung der Smartphones findet sich unter vielen Mails inzwischen der Zusatz »Gesendet mit meinem iPhone«, der die Kürze der Mail sowie die fehlende Formatierung und Signaturzeile rechtfertigt. Wie wäre es, diesen Zusatz hin und wieder auch unter Mails zu setzen, die am PC geschrieben wurden? So haben Sie ein gutes Argument, die Mail mit nur ein bis zwei Sätzen zu beantworten und sich nicht unnötig mit Rechtschreibung herumzuschlagen.

### Was Sie sofort tun können:

- Schalten Sie jede Benachrichtigung aus und rufen Sie Ihre E-Mails manuell ab.

### Was Sie ab morgen garantiert anders machen:

- Bearbeiten Sie Ihre Mails grundsätzlich nur zu festen Zeiten.
- Starten Sie keinesfalls mit dem Abruf Ihrer E-Mails in den Tag.

# 8

# Entscheidungsschwäche

***»Ich bin schrecklich inkonsequent. Aber nicht immer«***

Die Qual mit der Wahl

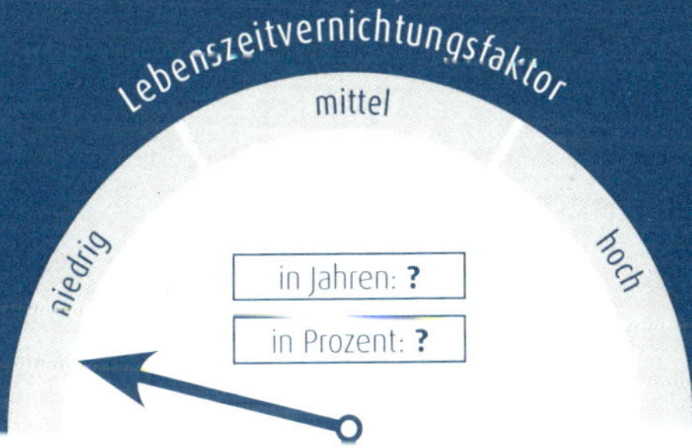


## Sind Sie betroffen?

- ☐ Sie verbringen morgens eine gefühlte Ewigkeit vor dem Kleiderschrank.
- ☐ Sie holen bei vielen Entscheidungen zunächst den Rat anderer ein, um dann festzustellen, dass Sie dies nur zusätzlich verwirrt.
- ☐ Selbst die Wahl des richtigen Duschgels bzw. Shampoos treibt Sie an den Rand der Verzweiflung.

Wenn Sie zweimal zustimmen, sollten Sie weiterlesen.

Grübeln gehört bei vielen Menschen zum täglichen Leben, oft haben wir mit Entscheidungsschwierigkeiten zu kämpfen. Denn wir sind nahezu immer und überall vor Entscheidungsfragen gestellt. Häufig überfordert uns die Menge der zu treffenden Entscheidungen derart, dass wir uns unfähig fühlen, noch irgendeine Entscheidung zu treffen. Das fängt bei einfachen Dingen an, zum Beispiel morgens vor dem Kleiderschrank: die rote Bluse oder lieber die weiße?

Solange es nur um die Auswahl eines Kleidungsstücks, eines Kinofilms oder einer Bestellung im Restaurant geht, sind Entscheidungsschwierigkeiten harmlos. Meist gehen sie dann nur unseren Mitmenschen auf die Nerven.

Unangenehmer wird es, wenn der Betroffene Entscheidungen mit großer Tragweite treffen soll. Wenn man sich schon morgens kaum für die eine oder andere Jeans entscheiden kann, woher soll man dann wissen, ob man lieber in Unternehmen A oder Unternehmen B arbeiten will?

Unvergessen, wie ich jahrelang immer wieder neue Seminarhotels auszusuchen hatte und wie viele Ressourcen ich damit verschwendet habe, statt wie inzwischen mich auf eine Handvoll bewährter Hotelpartner zu stützen, mit denen ich immer wieder arbeite. Die vermeintliche Abwechslung, die ich sicherstellen wollte, war ohnehin nur für mich gedacht, da die jeweils wechselnden Teilnehmer in jedem der Hotels erstmals waren, und dies wäre auch der Fall gewesen, wenn ich das gleiche Hotel behalten hätte. Was mich diese ständige Auswahl und Entscheidung jedoch gekostet hat, war eine zunehmende Entscheidungsschwäche. Irgendwann habe ich dann meinen Mitarbeitern gesagt: »Egal, entscheiden Sie!«, einfach weil ich unfähig war, mich selbst noch mit derlei Kram zu beschäftigen.

Warum tun sich eigentlich viele so schwer, Entscheidungen zu treffen? Aus Angst vor einer »falschen« Entscheidung. Doch es kostet uns weit mehr Lebenszeit und -qualität, keine Entscheidung zu treffen, als eine falsche. Denn im Grunde gibt es die gar nicht.

*Was bedeutet Erfolg?*
Erfolg ist die Folge richtiger Entscheidungen.

*Worauf basieren richtige Entscheidungen?*
Richtige Entscheidungen sind die Folge unserer Erfahrungen.

*Und worauf basieren Erfahrungen?*
Erfahrungen sind in der Regel die Folge falscher Entscheidungen.

Somit bringt Sie auch jede falsche Entscheidung dem Erfolg ein gutes Stück näher.

Grund genug, sich voller Zuversicht zu entscheiden. Denn ein Mensch, der keine Entscheidung treffen kann, verliert Vertrauen in sich selbst.

Abgesehen davon ist es gar nicht möglich, keine Entscheidung zu treffen. Denn auch wenn Sie sich nicht entscheiden, so haben Sie sich entschieden. Sie haben dann gewählt, dass alles so bleibt wie bisher. Oder Sie haben die Unentschiedenheit gewählt. Dieser Zustand kostet enorm viel Energie. Er belastet. Sie sind nicht frei. Nachdem Sie eine Zeit lang nachgedacht haben, ist jede Entscheidung besser, als gar keine Entscheidung.

## Auswahl führt zu Überforderung

Häufig liegt das Problem darin begründet, dass wir zu viele Auswahlmöglichkeiten haben. Das führt zu Überforderung. Wir stehen dann vor dem Supermarktregal und verwenden unsinnig viel Zeit darauf, uns für eins von 50 Duschgels zu entscheiden – nur, weil das Angebot so groß ist.

Vielen Menschen fällt es deshalb so schwer, sich fur eine Option zu entscheiden, weil andere Optionen dann wegfallen: Wer sich für 19 Uhr mit einem Bekannten im Restaurant verabredet, kann nicht zur gleichen Zeit ins Theater oder auf eine Party oder ins Kino gehen. »Die Folge kann sein, dass Menschen sich einfach nicht festlegen wollen«, erklärt Helmut Jungermann, Professor für Psychologie an der Technischen Universität Berlin. Der Klassiker in diesem Fall ist das berühmte »Lass uns später noch einmal telefonieren«. Statt sich zu entscheiden, verschiebt man die Entscheidung.

Ein weiterer Grund, warum manchen Menschen Entscheidungen so schwerfallen, ist die Illusion, dass es leicht und auch »ohne Schmerz« gehen müsse. Die ideale Entscheidung scheint die zu sein, die sich geradezu aufdrängt. Oft neigen Menschen deshalb dazu, zu warten, bis nur noch eine Alternative übrig geblieben ist, weil die andere an Attraktivität verloren hat. Wir übersehen dabei, dass es sich dann nicht mehr wirklich um eine Entscheidung handelt. Das ist dann nämlich keine Wahl mehr, sondern hat eher Flucht-Charakter. Erst wenn Sie beide Alternativen würdigen, hat die Wahl wirklich Kraft.

## Nur Computer entscheiden rational

Eine andere Ursache kann sein, dass der Entscheider sichergehen will, die beste aller möglichen Alternativen herauszufinden. Er will alle nur denkbaren Aspekte in Betracht ziehen und verzettelt sich dadurch. Dabei ist vollständig rationales Vorgehen bei Entscheidungen absurd. Wer ein Auto kaufen will, kann schlicht und ergreifend nicht eine Pro- und Kontra-Liste aller Merkmale aller Autos, die je gebaut wurden, aufstellen. Das würde Jahre in Anspruch nehmen.

## So arbeitet unser Entscheidungsmuskel

Interessanterweise besitzen wir eine Art Entscheidungsmuskel, der jedes Mal den gleichen Energieaufwand leistet, wenn er zu entscheiden hat, und nach einer bestimmten Anzahl an Entscheidungen schlichtweg ermüdet und fortan seine Arbeit einstellt. An diesem Punkt angelangt sind wir unfähig, richtige Entscheidungen auszuloten und zu treffen. Leider lässt er sich nicht durch mehr und mehr getroffene Entscheidungen trainieren.

## Berauben Sie sich der Alternativen

Denn wenn wir bereits am Morgen vor Beginn unserer Arbeitszeit mit einer Vielzahl kleiner Entscheidung diesen Muskel ermüden, bevor überhaupt zentrale Fragen zu beantworten sind, dann ist er irgendwann gänzlich unfähig, seine Aufgabe zu verrichten. Deshalb ist es durchaus sinnvoll, sich schon am Morgen bei einer Vielzahl von Entscheidungen entsprechender Alternativen zu berauben: nur eine Sorte Anzüge, einen festen Frühstücksplan, eine bevorzugte Strecke zum Arbeitsplatz, eben alles, was unseren Entscheidungsmuskel so lange schont, bis er mit wichtigen Fragen in Berührung kommt. Deshalb haben wir in unserem Büro für nahezu alle Arbeiten entsprechende Checklisten angelegt, die es einfach nur nach dem vorgegebenen Schema abzuarbeiten gilt. So ist sichergestellt, dass einerseits nichts vergessen werden kann und andererseits die Energie für kreative Prozesse und wichtige Entscheidungen erhalten bleibt.

Dies ist auch einer der Gründe dafür, dass der ehemalige US-amerikanische Präsident Barack Obama nur eine Sorte Anzüge in seinem Kleiderschrank hängen hatte. Von Facebook-Gründer Mark Zuckerberg wird das Gleiche bei seinen Shirts behauptet. Jeder hat manchmal Schwierigkeiten, sich für oder gegen etwas zu entscheiden. Hier einige bewährte Strategien für besseres und schnelleres Entscheiden:

## Treffen Sie rasche Entscheidungen

Wenn Sie den Respekt vor sich selber steigern wollen, so treffen Sie bewusst rasche Entscheidungen. Das kann schon bei einfachen Entscheidungen, wie zum Beispiel bei der Bestellung im Restaurant, beginnen. Es ist interessant, wie viele Menschen sich bei der Auswahl schwertun, um dann nach einem 15-minütigen Studium der Speisekarte doch wieder Spaghetti Bolognese zu bestellen.

## Die 60-Sekunden-Entscheidung

Sobald Sie alle Informationen haben, die Sie benötigen, um eine Entscheidung zu treffen, starten Sie einen Timer und geben Sie sich nur 60 Sekunden, um eine tatsächliche Entscheidung zu treffen. Hinterfragen Sie Ihre Wahl, aber am Ende beenden Sie die Minute mit einer klaren Entscheidung. Nachdem Sie Ihre Entscheidung getroffen haben, handeln Sie unmittelbar, um Bewegung in die Sache zu bringen.

Treffen Sie heute, und wenn Sie sich dabei gut fühlen auch für den Rest der Woche, des Monats, des Jahres, des Lebens bewusst schnelle Entscheidungen innerhalb dieser Zeitspanne. Sie trainieren damit Ihren »Entscheidungsmuskel«.

## Automatisieren Sie unwesentliche Entscheidungen

Natürlich gilt es für Sie auch, wichtige Entscheidungen treffen zu können, aber eine Grundsatzentscheidung sollte darin bestehen, zwischen wichtigen und unwichtigen unterscheiden zu können und dann die unwesentlichen entweder zu vereinheitlichen, zu vereinfachen oder gar vollständig zu automatisieren.

## Analysieren Sie die Situation

- Schlafen Sie eine Nacht drüber. Manche Entscheidungen sind am nächsten Tag tatsächlich leichter zu fällen, weil man klarer sieht.
- Werden Sie externer Beobachter Ihrer eigenen Problematik. Stellen Sie sich vor, ein Freund wäre in Ihrer Situation. Was würden Sie ihm raten?
- Stellen Sie sich vor, es wären von heute an zehn Jahre vergangen. Was halten Sie rückblickend von Ihrer Entscheidung?
- Sprechen Sie mit anderen über die Entscheidung, die Sie zu treffen haben. Von außen gibt es vielleicht noch weitere Möglichkeiten, auf die Sie nicht kommen.
- Manche Entscheidungen sind so schwer zu treffen, weil ihre Tragweite so groß erscheint. Versuchen Sie in diesem Fall, die Problematik in Teilbereiche zu unterteilen.

## Nutzen Sie Ihre Intuition

Beziehen Sie Ihre Intuition in den Entscheidungsprozess mit ein. Sie ist ohnehin die einzig verlässliche Instanz. Wie Ihnen das gelingt? Zum Beispiel, indem Sie eine Münze werfen. Das klingt nur auf den ersten Blick abwegig. Spüren Sie gegen das Ergebnis eine spontane Abneigung, wissen Sie: Diese Option war nicht die richtige.

Noch besser ist es, die Münze zu werfen, nachdem Sie jeder Seite eine Option zugeordnet haben, und sich das Ergebnis nicht anzusehen. Decken Sie die Münze ab und fragen Sie sich, welches Ergebnis Sie gerne sehen würden. Mit dieser Methode müssen Sie die Münze nicht einmal mehr werfen.

### Was Sie sofort tun können:

- Besorgen Sie sich eine Münze und entscheiden Sie auf diesem Weg.

### Was Sie ab morgen garantiert anders machen:

- Berauben Sie sich freiwillig unnötiger Auswahlalternativen.
- Treffen Sie kleinere Entscheidungen innerhalb von 60 Sekunden.

# 9

# Essen

***»Ich war zwei Wochen auf Diät. Alles was ich verloren habe, sind 14 Tage ...«***

Wir können froh sein, dass wir unser Essen nicht mehr selber jagen müssen. Viele wüssten gar nicht, wo Pizzen leben.

---

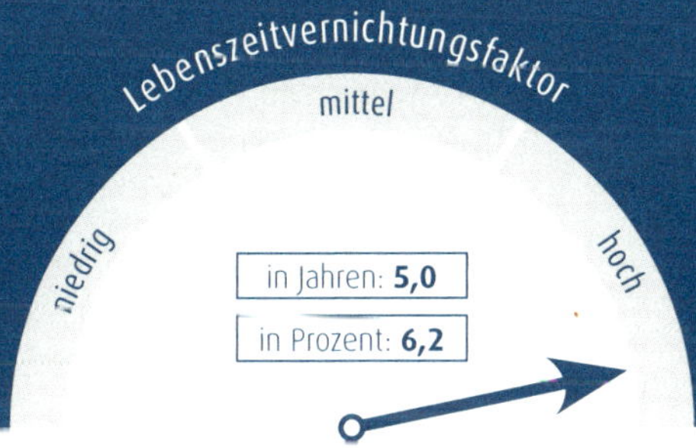


**Sind Sie betroffen?**

- ☐ Ihre spezielle Ernährungsform erschwert nicht nur Ihnen das Einkaufen, sondern auch Ihre Freunde stellt Ihr Besuch vor besondere Herausforderungen.
- ☐ Sie brauchen eine Gehaltserhöhung, alleine um die Sonderaufwendungen für Ihre Nahrungsmittel zu bestreiten,
- ☐ Eine Ausnahme von Ihrer Ernährung beschert Ihnen ein schlechtes Gewissen.

Wenn Sie zweimal zustimmen, sollten Sie weiterlesen.

Die mahnenden Worte des musikalischen Philosophen George Michael klingen mir oft im Ohr und beschreiben das Dilemma vortrefflich: »Wir machen uns die meisten Sorgen über zwei Dinge, die einem Großteil der Menschheit nicht vergönnt sind – das Älter- und das Dicker-Werden«. Das trifft es auf den Punkt.

Das Kalorienzählen selbst ist wahrscheinlich noch die geringste Zeitverschwendung. Aber der gezielte Einkauf, die spezielle Zubereitung, die geduldige Schilderung der Sonderwünsche und die darauf folgende Rückgabe von falsch geliefertem Essen im Restaurant und dergleichen mehr kosten nicht nur kaum zu unterschätzende Lebenszeit, sie mindern auch unsere Lebensqualität beträchtlich.

Essen und Trinken spielt hierzulande eine immerhin so große Rolle, dass wir darauf einen erheblichen Teil unserer Lebenszeit verwenden. Auch Fast Food hat diese Zahlen nicht maßgeblich verändert. Im Gegenteil: Mehr und mehr greift in Sachen Lebensqualität der Trend zu Slow Food um sich. Auf der gleichnamigen Messe in Stuttgart gibt es neben Slow Eis, Slow Marmelade, Slow Wein und Slow Würstchen auch Slow Bier.

Inzwischen ist bereits der Einkauf für all die diversen Unverträglichkeiten und speziellen Diätformen zu einem Martyrium geworden. Kaum verwunderlich, dass sich deshalb die nächste Generation bereits weigert, einen Supermarkt zu betreten, was durch »same-day-delivery« von Amazon in vielen großen Städten ebenso gefördert wird wie von vielen kleineren Anbietern. Besonders spannend hierbei sind so abwechslungsreiche Geschäftsmodelle wie »hellofresh« aus Berlin, die auch für 1- oder 2-Personen-Haushalte alle Utensilien für ein leckeres und vollwertiges Menü direkt in einer Kochbox im Abonnement nach Hause liefern.

## Ob vegan, vegetarisch, steinzeitlich, low carb, no carb oder nur carb …

Wenn man bedenkt, wie viel Zeit und Energie wir in Ernährung stecken, um unser Gewicht zu reduzieren, nur um im Anschluss festzustellen, dass wir dank Jo-Jo-Effekt doch wieder zurück auf den Ausgangswert kommen oder – was weit wahrscheinlicher ist – noch darüber hinaus. Wie viel sinnvoller hätte sich diese Zeit doch nutzen lassen?

Anstelle der zigtausendsten Diät wäre es weit angebrachter, ein für alle Mal eine passende Ernährungsweise zu finden und Ihre komplette Ernährung dauerhaft umzustellen. Dennoch sollen und dürfen Sie sich Ausnahmen gönnen.

Bei einer Diät richtet sich der ganze Tag danach, wann und vor allem was Sie essen dürfen. Unsere Spontanität wird dabei ziemlich eingeschränkt. Deshalb könnte es zwischen all den Anstrengungen und Entbehrungen zugunsten eines gesunden Lebens durchaus angebracht sein, hier und da mal auf alle Konventionen zu pfeifen und einfach ohne schlechtes Gewissen zu genießen. Grundsätzlich sollten Sie das, was Sie essen, mit Genuss essen, sonst können Sie es genauso gut lassen. Ein schlechtes Gewissen hätte gut und gern der 34. unfehlbare Weg sein können, sein Leben zu verplempern.

Sich durch ein Sport- oder Ernährungsprogramm zu quälen, um eigenen oder gar den Ansprüchen anderer zu genügen, ohne sich dabei wohlzufühlen, wird garantiert scheitern. Und wozu sich auf ein Projekt einlassen, was von vorneherein zum Scheitern verurteilt ist? Lebenszeit verplempert!

Neben Beschaffung, Zubereitung, Essen und dem Abwasch geht es mit dem Kalorienzählen weiter: Smartphone oder Smartwatch liefern uns hierzu alle erforderlichen Daten, um nicht nur die Kalorienzufuhr und den Körperfettanteil, sondern auch das Ergebnis unserer sportlichen Aktivitäten messen und auswerten zu können.

Selbstverständlich ist Gesundheit ein wichtiges und relevantes Thema und es lohnt sich allemal, diverse lebenszeitverlängernde Maßnahmen zu ergreifen. Ob die Waage hierbei jedoch zugunsten der Lebensqualität ausschlägt oder nicht, hängt vor allem davon ab, wie akribisch besessen wir jedwede Ernährungsform oder Sportvariante betreiben. Und hierbei geht es nicht um die Körpergewichtsfrage.

Was nutzt es, wenn Sie vier Monate auf eine Bikinifigur trainieren, die Sie dann während des einwöchigen Jahresurlaubes, der zumal verregnet ist, nur zweimal zeigen können? Zweifelsohne verschwendete Lebenszeit!

Somit ist jede Diät im Endeffekt höchst unbefriedigend. Hingegen ist es die mit Abstand befriedigendste Alternative, zu lernen, sich selbst zu lieben. Schwer genug.

Aber wenn Sie sich selbst so akzeptieren, wie Sie sind, dann wird Sie das erst so richtig glücklich machen. Und genau das macht sexy!

Trotzdem will ich Ihnen einen simplen Tipp mitgeben, der Sie weder Zeit noch Geld kostet und dennoch garantiert Ihrer Figur ebenso guttut wie Ihrer Gesundheit: Trinken Sie mehr Wasser.

Wir nehmen allgemein viel zu viel Kalorien durch Getränke zu uns. Egal, ob es die viel gescholtene Cola oder auch diverse Orangensäfte sind, die ebenfalls unglaubliche Mengen an Zucker und Kalorien beinhalten. Wenn unser Standardgetränk Wasser ist – und hierzulande gibt es in vielen Teilen auch Leitungswasser, das durchaus mit guten Gewissen getrunken werden kann –, dann ist unser Durst jederzeit gestillt und wir tragen maßgeblich zu einer Entgiftung des Körpers bei. Auch Kaffee und Tee sind völlig in Ordnung, aber alles andere einschließlich diverser Light-Getränke sollte in Maßen stattfinden, und wenn, dann mit entsprechendem Genuss. Aber auch hier wird sich der Konsum einschränken, sobald man beginnt, seine Wasserdosis auf mindestens drei Liter pro Tag zu steigern. Der einfachste Weg, der keinerlei Zeit kostet.

Ein großes 0,4-Liter-Glas in der Nähe des Wasserhahns in der Küche deponieren und bei jedem Vorbeigehen die entsprechende Menge Leitungswasser trinken, kostet etwas Übung, ist aber nach kurzer Zeit zu einer Gewohnheit geworden, die definitiv einen wertvollen Beitrag trägt, und man kann sich Kalorienzählen vollständig sparen.

**Was Sie sofort tun können:**

- Stellen Sie sich jeden Morgen vor den Spiegel, blicken Sie sich in die Augen und sagen Sie sich, dass Sie sich lieben.

**Was Sie ab morgen garantiert anders machen:**

- Trinken Sie täglich drei Liter Wasser.
- Werfen Sie alle Diät über den Haufen und entscheiden Sie sich für eine dauerhafte Ernährungsumstellung zugunsten einer ausgewogenen Ernährung.

10

# Fernsehen

***»Leben ist wie fernsehen – nur krasser!«***

Es ist schon bedenklich, wenn die Simpsons inzwischen die einzige normale Familie im deutschen Fernsehen sind.

---

**Sind Sie betroffen?**

- ☐ Selbstverständlich ist Ihr YouTube-Konto mit Ihrem Smartphone verknüpft.
- ☐ In Ihrer Timeline beschäftigen Sie sich bevorzugt mit den Postings, die bewegte Bilder zeigen.
- ☐ Eine Woche ohne Fernsehen ist für Sie ebenso wenig vorstellbar wie ein Leben ohne Elektrizität.

Wenn Sie zweimal zustimmen, sollten Sie weiterlesen.

Wir sitzen mit Vorliebe vor rechteckigen Kästen. Größe und Standort mögen variieren, aber die Beschäftigung bleibt die gleiche.

Inzwischen verbringen wir im Durchschnitt mehr als 8,5 Stunden täglich vor einem Bildschirm, egal, ob es sich um einen Computerbildschirm, einen Fernseher oder eine Spielekonsole handelt.

Nicht nur, dass wir enorm viel Zeit vor dem Fernseher sitzend verbringen, auch unsere Lebenserwartung ist davon maßgeblich betroffen: Australische Forscher haben herausgefunden, dass eine Stunde Fernsehen die Lebenserwartung um 21 Minuten verkürzt. Anders gerechnet: Drei Stunden täglich während vierzig Jahren verkürzen das Leben um zwei Jahre.

Die Online-Ausgabe der Zeit fragte daher kritisch, ob regelmäßiger Fernsehkonsum, der unser Innenleben mit so vielen bunten Bildern und Geschichten bereichert, nicht durchaus ein Jahr des äußeren Lebens wert sei, das zumeist nur schwach und hässlich bebildert ist?

Diese Frage mag jeder Leser für sich selbst beantworten, wenn wir aber im Bundesdurchschnitt insgesamt knapp 14 Jahre vor irgendwelchen Kästen sitzen und dieser Wert damit hinter dem Schlafen auf Platz 2 landet, ist zumindest ein kritisches Hinterfragen der Fernsehgewohnheiten angebracht.

Auch dass wir uns beim Fernsehen mit Vorliebe erfolglos in → Multitasking üben, tröstet nur bedingt über die enorme Verschwendung von Lebenszeit hinweg. Denn wenn wir den Laptop auf dem Schoß haben, um unsere → E-Mails zu beantworten, während der Smart-TV läuft oder wir während der Werbepause mit dem Tablet auf Amazon stöbern, machen wir dabei weder das eine noch das andere richtig. Aber das ist ein anderes Thema.

Aber RTL und ProSieben waren gestern, ARD und ZDF vorgestern. Bereits 2014 nutzte die Altersgruppe der 14- bis 29-Jährigen das Internet zur Informationsbeschaffung um mehr als 80 Prozent häufiger als das Fernsehen. Video on Demand, Podcasts oder Streaming sind immer mehr im Kommen und punkten vor allen Dingen durch die zeitliche Unabhängigkeit und bessere Verfügbarkeit.

Nehmen wir das bevorzugte Medium der jüngeren Generation unter die Lupe: YouTube. War es in meiner Kindheit noch hip, den Berufswunsch eines Fußballspielers oder Astronauten zu hegen, ist der Favorit heute Influencer oder YouTube-Star.

Der durchschnittliche YouTube-Nutzer verbringt ein Jahr und zehn Monate seines Lebens auf der Plattform, was auch daran liegt, dass es sie gerade einmal etwas mehr als zehn Jahre gibt.

Selbst die Basis für dieses Buch wurde im Grunde auf YouTube gelegt: Fasziniert von der Tatsache, dass die Zahl der Klicks auf den Mitschnitt meines gleichnamigen Vortrags irgendwann auf über 22.000 Zuschauer angestiegen war, habe ich festgestellt, dass die Netto-Zeit für das Ansehen meines Vortrags bei 303.000 Minuten liegt. Das sind 5.055 Stunden. Das sind 210 Tage. Wahnsinn, wenn man sich das mal verdeutlicht. Diese Zugriffszahlen haben natürlich auch den Verlag überzeugt.

Betrachtet man das gesamte Volumen weltweit, können einen derartige Zahlen mit exorbitantem Steigerungspotenzial fast erschlagen: Weltweit werden täglich jede Stunde (!) 41,6 Millionen Stunden Videos gesehen. Minütlich werden über 400 Stunden Videomaterial hochgeladen. Wer soll sich das alles ansehen? Und vor allem: Wann? Und warum?

YouTube ist heute die zweitgrößte Suchmaschine weltweit und die am dritthäufigsten besuchte Seite nach Google und Facebook. Kein Wunder, dass die Video-Plattform von Google aufgekauft wurde.

Was lässt sich diesem ungefilterten Medienkonsum entgegensetzen?

## Auszeiten

Planen Sie feste Zeiten für den Medienkonsum ein. So könnten Sie sich beispielsweise vornehmen, eine Stunde am Tag mit Videos zu verbringen– aber erst, wenn alle anderen Dinge erledigt sind.

## Abschalten

Machen Sie den Fernseher aus und erobern Sie sich wertvolle Stunden zurück. Starten Sie mit einem Tag pro Woche und nehmen Sie über jedes Quartal einen dazu.

## Aufzeichnen

Wählen Sie Ihr TV-Programm im Voraus aus und zeichnen Sie gewünschte Sendungen auf. Das führt häufig zu einer deutlichen Verringerung des TV-Konsums – einfach, weil Sie sich das sinnlose Umherzappen schenken, bei dem Sie völlig unreflektiert irgendwo hängen bleiben.

### Was Sie sofort tun können:

- Reservieren Sie sich jeden Tag eine feste Zeit für den Medienkonsum.

### Was Sie ab morgen garantiert anders machen:

- Etablieren Sie einen fernsehfreien Tag pro Woche.
- Zeichnen Sie im Voraus ausgewählte Sendungen auf.

## 11

# Fotos

***»Wie heißt eigentlich ein Selfie, das ein anderer macht?«***

Was der Upload von Essensfotos über uns verrät

**Sind Sie betroffen?**

- ☐ In einem Ordner auf Ihrem Rechner verwaisen unzählige unsortierte Fotos, die darauf warten, von Ihnen kategorisiert zu werden.
- ☐ Ihr Smartphone beschwert sich regelmäßig über zu wenig Speicherplatz, obwohl Sie bereits eine größere Speicherkarte eingesetzt haben.
- ☐ Sie essen meistens kalt, weil Sie Ihren Teller erst für das perfekte Foto herrichten müssen.

Wenn Sie zweimal zustimmen, sollten Sie weiterlesen.

Ich habe keinen Zweifel, dass Sie ein Smartphone besitzen. Höchstwahrscheinlich eines, das neben vielen anderen Extras wie E-Mails senden und empfangen, Kontakte verwalten, Webseiten besuchen, Routen berechnen, Kaffee kochen, Wäsche waschen, unter Umständen sogar telefonieren, aber mit an Sicherheit grenzender Wahrscheinlichkeit auch in der Lage ist, Fotos zu schießen.

Und trotzdem, wette ich unter dem Einsatz meines nahezu vollständigen Buchhonorars (aber erwarten Sie nicht zu viel), besitzen Sie auch eine Digitalkamera. Einfach, weil sie qualitativ bessere Bilder macht – zumindest was die Auflösung betrifft, der Fotograf ist ja nach wie vor der gleiche.

Das Ergebnis ist dementsprechend: Was für einen Mist wir uns heute ansehen müssen, wenn wir nur in unserem eigenen mobilen Album blättern … unbezahlbar. Und es ist so einfach, alles zu teilen. Irgendwo müssen die Bilder dann ja landen. Schließlich will man seine Zeit ja nicht alleine verschwenden. Und so werden wir ständig auf allen Kanälen mit Fotos bombardiert.

Fotografen beklagen den enormen Anstieg von Schnappschüssen unterirdischer Qualität und wähnen sich bereits dem sicheren Aussterben geweiht. Weil jeder meint, das könne er ja schließlich auch selbst machen.

Das Hauptproblem ist jedoch nicht der exorbitante Zuwachs an Material alleine, das eigentliche Übel beginnt unmittelbar nach dem Drücken des Auslösers: Wer hat nicht irgendwo einen Ordner auf seinem Laptop, den er irgendwann mal, wenn er mehr Zeit hat, sichten und sortieren will – nach welchen Kriterien auch immer: Datum (letzter Urlaub) oder Anlass (vorletzte Hochzeit)?

Aber dieser so dringend benötigte und herbeigesehnte Zeitpunkt kommt … nie!

Und bei all denjenigen, die den 30. Geburtstag bereits hinter sich haben, ist irgendwo in ihrem Keller oder Schrank garantiert auch noch ein Schuhkarton versteckt, in dem die vermeintlich schönsten Werke darauf warten, von uns in ein Album geklebt zu werden.

Die Jüngeren werden zu recht entgegnen: »Häääähhh?« Zur Erläuterung: Ein Fotoalbum ist eine Art Fotobuch von Oma und Opa.

Das gab es in einer Art Drogeriemarkt, den man damals allerdings noch Fotogeschäft nannte. Was waren das doch für gute alte Zeiten, als wir einen Film zur Entwicklung gebracht haben! Und wie teuer das alles war – herrlich.

Aber die Zeiten haben sich geändert: Neulich habe ich meinen Sohn gefragt, wie gleich noch mal ein Selfie heißt, das ein anderer macht. Er hat mich sehr fragend angesehen. Die Leser der oben genannten Altersgruppe werden sich flüchtig erinnern: Wir nannten es Foto.

Na ja, man wird ja wohl mal noch ein wenig in Nostalgie schwelgen dürfen: kein Essen im Restaurant, bei dem man vor jedem Gang bedächtig innehalten musste, bevor auch wirklich jeder am Tisch das bezaubernd angerichtete Amuse-Gueule abfotografiert hat.

Aber es hat auch sein Gutes: Gab es vor geraumer Zeit das Ärgernis der ständig und überall knipsenden japanischen Touristen, hat sich dieses Vorurteil gegenüber unseren asiatischen Freunden mittlerweile längst in Luft aufgelöst. Habe ich vor 15 Jahren am Grand Canyon noch damit gehadert, dass rings um einen Japaner wild umherknipsen, sehne ich mich heute fast schon zurück in die gute alte Zeit. Weil es jeder macht. Ständig.

Kein Rockkonzert mehr, bei dem Sie bei den Balladen Tränen der Rührung in den Augen haben, während Sie zwischen all den Feuerzeugen auf die Bühne blicken.

Längst ist sie der Zornesröte gewichen, die entsteht, weil Sie wegen der ganzen Smartphones Ihren Star überhaupt nicht mehr sehen können.

Als eine an unser Bürogebäude angrenzende Lagerhalle in Flammen aufging, während ich ein Zeitmanagementseminar in der Schweiz gehalten habe, informierte mich meine Assistentin telefonisch, dass der Bereich zwar im Umkreis von 100 Metern hermetisch abgeriegelt sei, ich aber auf Google Fotos des Brandes finden könne. Feuerwehrleute hatten entsprechende Fotos hochgeladen. Wäre an der Stelle nicht löschen viel sinnvoller gewesen?

Bitte laden Sie zumindest selbst nur das hoch, was wenigstens ein paar Mindestanforderungen erfüllt und eine gewisse Relevanz besitzt. Geeignete Fragen zur Überprüfung könnten beispielsweise lauten:

- Hat das für andere wirklich einen echten Mehrwert?
- Zaubert es dem Betrachter ein Lächeln ins Gesicht?
- Ist es ein ästhetischer Gewinn für den Betrachter?

Wenn unser Selbstwertgefühl an der Anzahl der Likes unter unseren Fotos hängt, sollten wir inzwischen statt eines ordentlichen Motivs natürlich vorrangig darauf achten, die richtigen Hashtags unter unser Foto zu klatschen. Nur so können wir sicherstellen, dass einem völlig unbekannte Personen, von denen wir uns in der U-Bahn noch angeekelt abgewandt hätten, ein virtuelles »Gefällt mir« hinterlassen.

## Todesfälle durch Selfies

Das nimmt bisweilen bizarre Züge an und kann mitunter tödlich enden. Nicht nur beim Autofahren sollte man die Finger vom Handy lassen, auch wer ein Selfie macht, lebt gefährlich. 127 Menschen sind zwischen März 2014 und September 2016 beim Erstellen von Selfies tödlich verunglückt. Alarmierend dabei ist vor allem die Tatsache, dass sich die Anzahl der Todesopfer jedes Jahr verdoppelt.

Vor allem Inder scheinen sich beim Anfertigen der digitalen Selbstporträts unzumutbaren Risiken auszusetzen. Dort ereigneten sich im betrachteten Zeitraum alleine 76 selfiebezogene Todesfälle. Dagegen scheinen die Deutschen beim Hantieren mit der Smartphone-Kamera deutlich vorsichtiger zu sein. Über eventuelle Selfie-Tote ist hierzulande bislang jedenfalls nichts bekannt geworden.

## Überlebenstipps

Die Autoren der Studie geben einige Tipps, um beim Fotografieren eines Selfies nicht ums Leben zu kommen. So raten sie, sehr vorsichtig zu sein, wenn man ein Bild in der Nähe eines Abgrunds macht – man könnte abstürzen. Ähnliches gilt für Seen, in denen man ertrinken kann, wenn man hineinfällt. Auch in der Nähe von Bahnstrecken oder Autobahnen sei erhörte Vorsicht geboten. Manche Leute sterben, weil sie von vorbeifahrenden Zügen erfasst werden. Zudem raten sie ganz dringend davon ab, ein Selfie beim Autofahren zu schießen.

Ergänzend könnte man hinzufügen:

- Machen Sie keine Selfies, wenn eine Herde Stiere hinter Ihnen herrennt.
- Im Falle eines Brandes verlassen Sie bitte das Gebäude, bevor Sie es posten. (Außer Sie sind Feuerwehrmann. Dann löschen Sie bitte.)

Im Grunde erscheinen die Ratschläge ganz einfach, doch es ist kaum zu glauben, dass in Zukunft keine Menschen mehr sterben werden beim Fotografieren eines Selfies. Der Drang, sich in extremen Situationen selbst darzustellen, scheint die Risikobereitschaft geradezu dramatisch zu erhöhen. Der gesunde Menschenverstand scheint der Sensationslust und dem Bedürfnis nach Anerkennung zum Opfer gefallen zu sein.

## Neun einfache Schritte für die ideale Fotoverwaltung

1. Neue Fotos in den Ordner »Neu« unter »Eigene Bilder« verschieben
2. Direkt beim Importieren unbrauchbare Bilder löschen
3. Bedeutende Aufnahmen auswählen
4. In thematisch benannte Ordner verschieben
5. Passende Verzeichnisstruktur anlegen
6. Rest auf externer Festplatte archivieren
7. Top 10 auswählen
8. Fotos taggen mit Motiv, Jahreszahl und weiteren hilfreichen Schlagworten
9. Fotos in einer Cloud sichern

**Was Sie sofort tun können:**

- Verabschieden Sie sich von dem Vorsatz, Ihre alten Fotos irgendwann zu sortieren.

**Was Sie ab morgen garantiert anders machen:**

- Bearbeiten Sie Ihre Fotos in Zukunft unmittelbar und regelmäßig mit System.
- Laden Sie nur noch Fotos hoch, die für den Betrachter einen Mehrwert bieten.

12

# Gartenarbeit

***»Gartenarbeit entspannt. Kommt nur darauf an, wen man gerade vergräbt«***

Warum das Rasenmähen auf die Not-to-do-Liste gehört

---

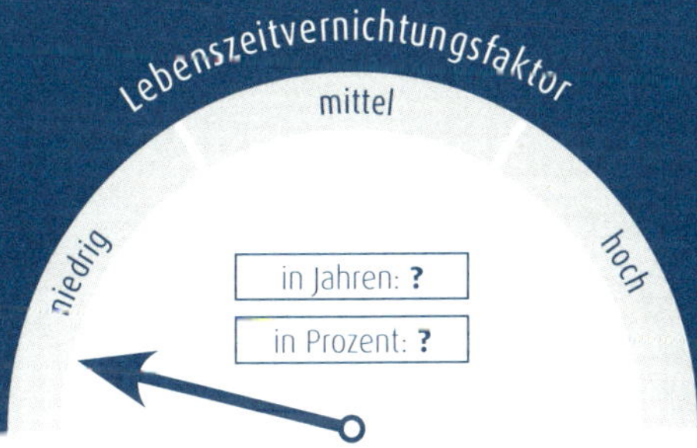


## Sind Sie betroffen?

- ☐ Sie denken ernsthaft darüber nach, Ihren Garten großflächig zu betonieren, um sich das mühselige Rasenmähen zu sparen.
- ☐ Sie haben jeden inneren Widerstand gegen das mehrmals jährlich anfallende Unkrautjäten auf dem Gehsteig vor Ihrem Haus längst aufgegeben.
- ☐ Sie spielen Ihren Pflanzen regelmäßig klassische Musik vor, damit sie besser wachsen.

Wenn Sie zweimal zustimmen, sollten Sie weiterlesen.

Allen voran ist die Gartenarbeit wohl eine der Tätigkeiten, mit der ich mich nie anfreunden werde, bei der die Meinungen allerdings völlig konträr verlaufen. So mag das mir lästige Rasenmähen für andere ein Quell der Entspannung darstellen.

Wenn Sie allerdings an einem Samstagvormittag hier im Badischen durch diverse kleinere Ortschaften fahren, können Sie sich schon manchmal fragen: Gehört den Bewohnern eigentlich das Haus oder gehören die Bewohner dem Haus?

Wenn Sie selbst Hausbesitzer sind, haben Sie dafür natürlich keine Zeit, aber Sie sollten diese Studie wirklich mal betreiben. Sie glauben gar nicht, was Ihnen da alles begegnet.

»Besitz verpflichtet« wird dann gerne geseufzt und das stimmt.

»Verkaufen Sie die Hütte und ziehen Sie in die Stadt, vielleicht irgendeine mit angrenzendem Naherholungsgebiet!«, wäre natürlich eine naheliegende Empfehlung, die wahrscheinlich auch bei vielen Häuslebauern außerhalb Baden-Württembergs auf heftigen Widerstand stoßen würde. Wobei es darauf häufig dann nach der Scheidung doch hinausläuft, aber dazu mehr im Kapitel -»Beziehungen (unglückliche)«.

Seit vielen Jahren lebe ich auf dem Dorf. Von daher gehörte beispielsweise das Unkrautjäten auch in meiner letzten Beziehung zu den zentralen Streitthemen. Was sollen schließlich die Nachbarn denken, wenn der Gehweg vor dem Haus voller Unkraut ist? Auch so eine tolle Frage für das Sterbebett: Wer wird sich am Ende seines Lebens wünschen, mehr Zeit mit Unkrautjäten verbracht zu haben, um den Nachbarn einen schöneren Anblick zu verschaffen?

Oder die unsägliche Gartenarbeit: Jeder zweite Privathaushalt besitzt einen eigenen Garten. Insgesamt gibt es in Deutschland 17 Millionen Gärten, davon eine Million Schrebergärten. Damit sind wir in Europa führend. Alleine unsere Schrebergärten bedecken eine Fläche von etwa 66.000 Fußballfeldern.

## Stellen Sie Personal ein

Für mich war der Bambus neben dem kleinen Fischteich jedenfalls ein so zeitintensives und ungeliebtes Unterfangen, dass ich nach einem stundenweisen Gärtner Ausschau gehalten habe. Ohnehin ist Personal eine der lukrativsten Investitionen zur Steigerung der Lebensqualität. Vor allen Dingen dann, wenn Ihre Talente woanders liegen, zum Beispiel, weil Sie wie ich eher Mund- statt Handwerker sind.

Vielleicht sind Sie ja selbst stolzer Besitzer einer eigenen Grünanlage und ärgern sich regelmäßig über das Rasenmähen? Welch ein Glück haben die New Yorker Einwohner, die sich keine Sorgen über gemähte Grünflächen im Central Park machen müssen.

Wie wäre es in Ihrem Fall beispielsweise, wenn Sie dafür ab morgen dem Nachbarsjungen fünf Euro in die Hand drücken und die gewonnene Zeit für etwas Produktiveres einsetzen? Auf diese Weise hätten Sie Ihre Nerven geschont, Ihren Partner glücklich gemacht, das Brutto-Sozial-Produkt gesteigert und gleichzeitig zu einem guten nachbarschaftlichen Verhältnis beigetragen.

Natürlich können Sie sich auch einen Roboter zulegen. Ist vielleicht günstiger und erspart Ihnen eine Anzeige wegen Kinderarbeit durch die Nachbarn, die wegen des Unkrauts auf Ihrem Bürgersteig ohnehin schlecht auf Sie zu sprechen sind. Oder Sie kaufen sich einfach ein Schaf.

Statt in der Nachbarschaft zu rekrutieren, können Sie natürlich auch Ihr eigenes Fleisch und Blut einspannen. Allerdings muss ich Sie warnen: Ein beliebter 34. Weg sind unsäglich Diskussionen mit pubertierenden Kindern über Haushaltspflichten.

## Engagieren Sie Ihre Kinder

Da es natürlich auch für Nichthausbesitzer lästige Pflichten rund um ihre Wohnstätte gibt, wie beispielsweise die Kehrwoche, deshalb folgender Vorschlag: Geben Sie jeder Tätigkeit im Haushalt einen Wert, den Sie Ihren Kindern bezahlen. Damit wird das Rasenmähen zwar auch nicht wirklich billiger, dennoch liegen die Vorteile auf der Hand:

- kein Ärger mit dem Finanzamt wegen etwaiger illegaler Beschäftigung
- im Regelfall günstigere Arbeitskraft als im Fall eines externen Dienstleisters oder Mitarbeiters
- Wegfall nicht enden wollender Diskussionen über die zu erledigenden Arbeiten im Haushalt

Unser Sohn merkte bei den Verhandlungen um eine realistische Preisgestaltung an, dass das lukrative Rasenmähen ja nur im Sommer anfiele. Zack, hatte er auch Schneeschippen auf der Liste.

Sicher werden Sie hier einige Fehler in der Preisgestaltung machen, die die individuellen Abneigungen Ihrer Kinder zunächst vielleicht nur unzureichend berücksichtigen: So war das 1-Euro-Geschirrspülmaschinen-Ausräumen ein Ladenhüter, wohingegen das mindestens 30-minütige Gassigehen mit dem Hund zum Teil mehrfach täglich praktiziert wurde (insbesondere in der Einführungsphase von »Pokémon Go«). Aber das lässt sich ja alles noch feinjustieren.

Ersetzen Sie das Taschengeld Ihrer Kinder durch eine Vergütungsliste einfacher Tätigkeiten im Haushalt, die Sie 14-tägig abrechnen. In unserem Fall war das der 10. und der 25.

### Was Sie sofort tun können:

- Konzentrieren Sie sich auf das, was Sie gut können oder gerne machen, und geben Sie alles andere ab.

### Was Sie ab morgen garantiert anders machen:

- Legen Sie sich technische oder tierische Hilfe bei der Gartenarbeit zu.
- Werden Sie Chef eines Familienbetriebes: Engagieren Sie Ihre Kinder. (Sie haben noch keine? Dann ergänzen Sie diese Liste bitte nach Möglichkeit um einen weiteren Punkt.)

13

# Haushalt

***»Wenn ich mal ganz viel Zeit habe, putze ich auch Fenster. Bin ja schon ein wenig neugierig, wie es draußen aussieht.«***

Da will man in Ruhe das Haus putzen und was passiert? Man hat keine Lust …

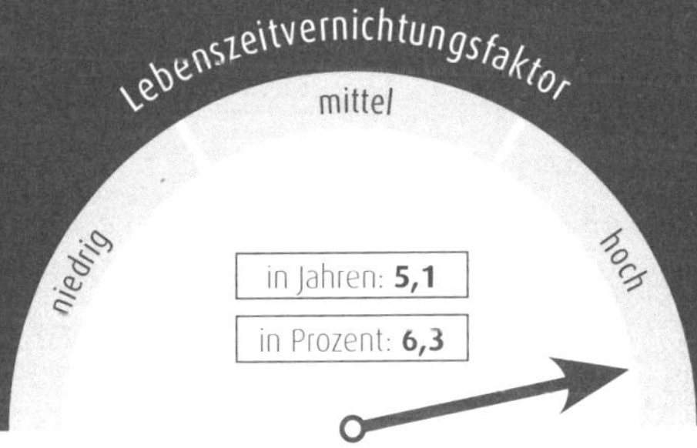


**Sind Sie betroffen?**

- ☐ In den fünf Minuten, bevor der Besuch kommt, schaffen Sie mehr aufzuräumen als sonst in einer Woche.
- ☐ Der Putzplan hängt nur für das gute Gewissen am Kühlschrank.
- ☐ Bei Ihnen kann man sogar vom Boden essen, man findet immer etwas.

Wenn Sie zweimal zustimmen, sollten Sie weiterlesen.

Was ist schwierig an der Hausarbeit?
Alles, was auf dem Boden liegt, hebt man auf.
Alles, was feststeht, staubt man ab.
Alles, was sich bewegt, füttert man.

Zugegeben: In den bisherigen Jahren meines Lebens, die ich durchaus als erfüllt bezeichnen würde, spielte das Thema keinerlei Rolle für mich. Das bedeutet selbstredend nicht, dass es keine Rolle spielte. Nur für mich eben nicht.

Möglicherweise führte genau dieser Umstand dazu, dass ich eines Tages plötzlich, unvermittelt und nahezu unvorbereitet völlig veränderten Voraussetzungen gegenüberstand. Schnell musste ich das Tückische an jedweder Hausarbeit erkennen: Sie fällt überhaupt nur auf, wenn sie nicht erledigt wurde.

Wenn wir bedenken, was alles unter dieser Rubrik anfällt, erklärt das nicht nur die hohen statistischen Werte, sondern nötigt einem gehörigen Respekt ab:

- Der größte Anteil fällt auf das Kochen, das uns zwei Jahre und neun Monate kostet.
- Ein Jahr und zwei Monate wird in den eigenen vier Wänden sauber gemacht, abgewaschen und -getrocknet, staubgesaugt, Fenster geputzt etc.
- Weitere acht Monate wird Wäsche gewaschen, aufgehängt und gebügelt.
- Sechs Monate benötigen wir alleine für den Einkauf.

Seltenere zeitaufwendige Tätigkeiten wie beispielsweise das Streichen von Wänden oder das Zusammenbauen von Ikea-Möbeln sind gar nicht enthalten.

Bügeln ist eine der Tätigkeiten, von deren Existenz ich nur dadurch Kenntnis erlangt hatte, weil mir der Korb mit zu bügelnder Wäsche in einem ungenutzten Teil unseres Wohnzimmers hin und wieder ins Auge sprang, neben dem sich demonstrativ ein Bügelbrett aufgebaut hatte. Lange Zeit hielt ich dies jedoch für die Installation einer Künstlerin und schenkte dem Ganzen keine besondere Beachtung.

Nachdem ich mit derartiger Ahnungslosigkeit diesen Bereich jahrelang erfolgreich an meine Partnerin delegieren konnte, musste ich mir irgendwann – auf sanften Druck – eingestehen, dass es hier genauso effizientes Verbesserungspotenzial gab wie im Bereich des Rasenmähens, das längst an den Nachbarsjungen abgegeben wurde.

Heute weiß ich, ein Hemd, das für 1,99 € gewaschen und gebügelt und auf einem Bügel, einzeln in eine entsprechende Folie verpackt zurückgegeben wird, ist bei Weitem günstiger als die schlechte Laune des Partners, der sich damit plagen muss.

Aber selbst, wenn sich das Bügeln noch entspannt mit dem Sehen einer Talkshow kombinieren ließe (was wir dann fälschlicherweise für → Multitasking halten), beim Fensterputzen sind wir jedoch definitiv mit unserem Latein am Ende. Dies kostet nicht nur enorm viel Zeit, sondern lässt sich auch wirklich mit keinerlei anderer Tätigkeit kombinieren. Ebenso wenig wie beispielsweise das Staubsaugen.

Nun bin ich wahrhaftig kein Verfechter der Emanzipation, geschweige denn ein Kenner vernünftige Haushaltsführung. Aber gerade im Haushalt lässt sich inzwischen so viel outsourcen, wie man es vor Jahren kaum für möglich gehalten hätte. Aber wenn man die Möglichkeit hat, seine Einnahmen einmal gegen diese Ausgaben gegenzurechnen, wird in den meisten Fällen ein Plus an Lebensqualität übrig bleiben, selbst wenn man genötigt ist, einen größeren Anteil des erwirtschafteten Stundenlohns wieder in Dienstleister zu investieren.

Lasse ich mir das Machen des Bettes nach dem Aufstehen noch gefallen, ist meine Geduld spätestens dann erschöpft, wenn Geschirr anstelle eines Geschirrspülers von Hand abgewaschen wird. Die Anschaffung eines Trockners dürfte ebenso lebenszeitgewinnend zu Buche schlagen. Hier ist der technische Fortschritt tatsächlich zu unserem Vorteil gereift. Warum also derartige Annehmlichkeiten nicht nutzen? Ich bin mir definitiv sicher: Es gibt fürwahr Sinnvolleres.

## Zu Hause Abendessen

Abends essen zu gehen spart zwar auf den ersten Blick Zeit, weil dadurch Tätigkeiten wie Kochen, Spülen und Aufräumen wegfallen. Doch tatsächlich summieren sich der Weg zum Restaurant und zurück sowie die Wartezeit dort oft zu einem größeren Zeitbedarf, als wenn Sie zu Hause kochen. Außerdem können Sie direkt zu anderen Aufgaben übergehen oder sich gemütlich mit einem Buch zurückziehen. Ganz ohne Warte- oder Fahrzeit.

### Was Sie sofort tun können:

- Kaufen Sie sich technische Gerätschaften, die Ihnen die Haushaltsführung erleichtern.

### Was Sie ab morgen garantiert anders machen:

- Erstellen Sie eine Not-to-do-Liste mit den meistverhassten Haushaltstätigkeiten, für die Sie sich professionelle Unterstützung suchen.
- Essen Sie mal wieder zu Hause zu Abend.

14

# Informationsüberflutung

***»Stell dir vor, hier sitzt einer ohne Smartphone in der S-Bahn und liest Zeitung – wie so'n Höhlenmensch.«***

Wie wir die Flut überleben, ohne unterzugehen

**Sind Sie betroffen?**

- ☐ Ihr Tag im Büro beginnt grundsätzlich mit dem Aufruf von spiegel-online.de (wahlweise zu ersetzen durch zeit.de, bild.de, kicker.de oder ein anderes von Ihnen bevorzugtes Portal).
- ☐ Während Sie vor dem Fernseher sitzen, halten Sie mindestens ein weiteres elektronisches Gerät in Händen.
- ☐ Sie bekommen Schweißausbrüche, wenn ihr Akku leer ist, aus Angst, etwas zu verpassen,

Wenn Sie zweimal zustimmen, sollten Sie weiterlesen.

Die Zeit, in der wir mit 1.000 neuen Informationen überflutet wurden, betrug im Jahr 1900 ganze sechs Monate. Das hat also ein halbes Jahr gedauert, bis wir mit dieser Menge Informationen konfrontiert wurden. 60 Jahre später jedoch, im Jahr 1960, dauerte die Durchdringung mit der gleichen Menge an Informationen nur noch eine einzige Woche.

Das Sprichwort »Wissen ist Macht« stimmt daher nur noch bedingt. Wissen ist nur dann Macht, wenn Sie es konstruktiv nutzen. Albert Einstein wurde einmal gefragt, wie viel Fuß eine Meile habe. Einsteins Antwort lautete: »Ich weiß es nicht! Warum soll ich mein Gehirn mit Fakten vollstopfen, die ich innerhalb von zwei Minuten in jedem Nachschlagewerk finde?« Einstein erteilt uns hier eine wertvolle Lektion und das lange vor der Erfindung von Google. Nach seiner Ansicht ist es wichtiger, den Verstand zum Denken zu benutzen, als ihn zu einem Faktenspeicher zu deklarieren.

Wer sich in die Informationsflut stürzt, läuft nicht nur Gefahr, den Überblick zu verlieren, sondern schlicht zu ertrinken. Tatsache ist, dass wir zu viele Informationen aus zu vielen Medien konsumieren. Mehr als die Hälfte der Deutschen liest mehrmals wöchentlich in einer Zeitung. 25 Minuten für die Illustrierte und 60 Minuten für die Tageszeitung. Das ist der Durchschnitt. Dem Sitzen vor dem Bildschirm, ob TV oder YouTube, habe ich ein eigenes Kapitel gewidmet.

Natürlich könnte ich hier auch Lesen aufführen. Aber mein Verlag fand das ungeeignet. Obwohl. Wenn Sie an dieser Stelle angelangt sind, haben Sie das Buch ja bereits gekauft. Lesen müssen Sie es jetzt nicht mehr zwingend. Dennoch würde ich das Lesen von Belletristik zum Zweck der Unterhaltung ebenso wie das Lesen von Sachbüchern zur Weiterbildung allemal höher bewerten als das Lesen einer Tageszeitung mit den Nachrichten des Vortags oder der Fernsehprogrammzeitschrift. Aber misstrauen Sie mir gerne. Ich bin Autor. Ich bin befangen.

Immer dann, wenn man feststellt, dass man zu viel von etwas hat, denkt man darüber nach, was man dagegen tun kann. Wenn Sie diese Entwicklung betrachten, ist natürlich die alles entscheidende Frage: Wie lässt sich das Ganze umkehren?

Zum Beispiel, indem wir auf Informationen verzichten, die nicht unmittelbar zu unseren Zielen beitragen. Denn wir nehmen viel zu viele Informationen durch Lesen auf: ob es nun die Zeitung, Nachrichtenportale, Blogs oder soziale Netzwerke sind. Sehen Sie nicht regelmäßig nach, ob in der Welt etwas Spannendes passiert ist oder ob es etwas Neues gibt. Reduzieren Sie auch die Lesezeit für beruflich relevante Blogs auf das absolute Minimum. Glauben Sie mir, Sie vergeben sich nichts, aber Sie entlasten Ihren Festplattenspeicher im Kopf. Im Normalfall ist es doch ohnehin so: Wenn etwas wirklich Wichtiges passiert, erfahren wir es umgehend. Wir müssen uns also gar nicht aktiv um diese Informationen bemühen. Die wichtigen Nachrichten erreichen uns trotzdem: also, wer Dschungelkönig oder amerikanischer Präsident geworden ist.

## Gehen Sie auf Informationsdiät

Haben Sie jemals ernsthaft eine Diät begonnen? Die Basis ist immer die gleiche: Es geht um weniger. Ob man nun zu viel isst, zu viel arbeitet oder zu viele Medien auf einmal nutzt: Einschränkung oder Abstinenz sind die Schlüsselworte, um den Faktor Zeit für sich persönlich zurückzuerobern.

Dies ist übrigens die einzige Diät, die ich – selbst mit einer schwachen Willenskraft ausgestattet – wirklich konsequent dauerhaft einhalte. Und wie bei jeder Diät hängt der Erfolg davon ab, dass man sich einen Plan macht.

Wie könnte eine Informationsdiät aussehen? Hier einige Vorschläge:

- Bestellen Sie Ihre Tageszeitung ab. Verzichten Sie auf Nachrichten – egal ob auf Internet-Portalen, im Fernsehen oder Radio. Verstopfen Sie Ihre »persönliche Festplatte« nicht mit Negativ-Müll. Auf diesem Weg filtern Sie, was weder wichtig ist noch von Ihnen beeinflusst werden kann. Wesentliche Nachrichten werden trotzdem bis zu Ihnen durchdringen.
- Bei besonders hartnäckigen Fällen: Nutzen Sie Software, die für eine bestimmte Zeit die Kontrolle für Sie übernimmt. Sie geben eine Zeit vor und die Software blockiert während dieses Zeitraums vorher festgelegte Seiten, Mail-Programme oder das gesamte Internet. Diese Programme sind vor allem dann, wenn

Sie auf konzentrierte Arbeitsphasen angewiesen sind, besonders hilfreich.

- Machen Sie es sich zur Angewohnheit, jedes Blatt Papier nur einmal in die Hand zu nehmen und dann unmittelbar etwas zur Erledigung zu unternehmen. Ansonsten gilt: kleiner Schreibtisch – großer Papierkorb. Machen Sie die runde Ablage zu Ihrem besten Freund.
- Nehmen Sie zumindest einmal pro Woche, idealerweise am Wochenende, gar keine Computertechnik in die Hand. Arbeiten Sie stattdessen an Ihren wesentlichen Zielen, genießen Sie Zeit für sich selbst oder im Kreise Ihrer Familie und Freunde. Nahezu alles, was Sie stattdessen tun können, ist sinnvoller.

### Was Sie sofort tun können:

- Gönnen Sie sich einen Offline-Tag pro Woche, ohne Informationen zu konsumieren.

### Was Sie ab morgen garantiert anders machen:

- Begeben Sie sich auf Informationsdiät und erstellen Sie Ihren Diätplan.
- Werfen Sie großzügig weg.

15

# Körperpflege

***»Kann mir mal bitte jemand ein Bällebad einlassen?«***

Montagmorgen: Unter der Dusche fast beim Gähnen ertrunken. Ein Leben am Limit.

---

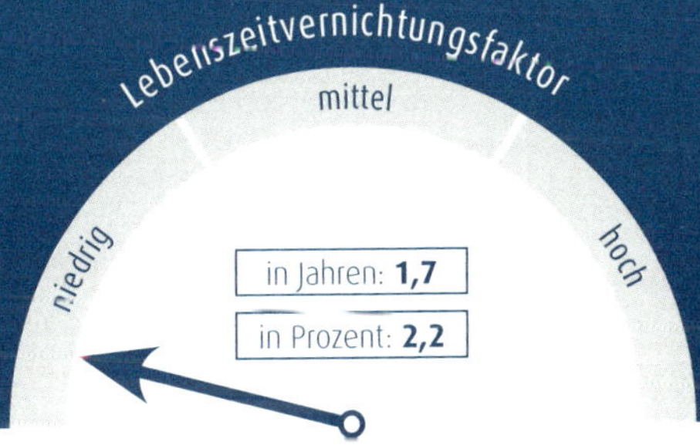


**Sind Sie betroffen?**

- ☐ Wenn Ihr Partner nach Ihnen duschen geht, gibt es nur noch kaltes Wasser.
- ☐ Ihre Frau ist begeistert, weil Sie sich, seit Sie ein Smartphone haben, mittlerweile auch zum Pinkeln hinsetzen.
- ☐ Für die Zeit und das Geld, die Sie in diverse Dienstleister zum Zweck der Verschönerung investieren (Wimpern, Nägel, Haare, Make-up, Personal-Trainer), könnten Sie auch bequem jemanden fest anstellen.

Wenn Sie zweimal zustimmen, sollten Sie weiterlesen.

Insgesamt 156 Stunden pro Jahr befinden wir uns im Bad. Wie sich diese Zahl auf die einzelnen Geschlechter aufteilt, ist leider nicht bekannt. Aber ich bin mir sicher: Wir Männer versuchen, den Schnitt weiter zu senken.

Zweifelsfrei stand aus diesem Grund das Rasieren als einer der ersten Punkte auf meiner stetig wachsenden »Not-to-do-Liste«. Ab einem gewissen Zustand fiel es meiner Partnerin allerdings zusehends schwerer, zwischen Rasieren und Rasenmähen (einem weiteren Punkt der vorgenannten Liste) überhaupt noch zu unterscheiden.

Aber selbst auf die Gefahr hin, als Hippster verschrieen zu werden, was je nachdem, zu welchem Zeitpunkt Sie dieses Buch in Händen halten, ohnehin längst wieder überholt ist, steht der Nutzen an gesparter Zeit hierbei in keinem Verhältnis.

Wir verbringen einfach einen nicht zu unterschätzenden Teil unserer Lebenszeit im Bad. Ganz gleich, ob es sich dabei um die Entfernung von Gesichts- oder Körperbehaarung handelt.

Das entsprechende weibliche Gegenstück mag das aufwendige Schminken und Frisieren sein. Ob Permanent-Make-up hier wirklich die geeignete Lösung ist, lasse ich mal dahingestellt. Auch die, überwiegend von Damen, zugebrachte Zeit für Mani- oder Pediküre summiert sich schnell zu Monaten kostbarer Lebenszeit. Derlei zahlreiche aushäusige Besuche bei Kosmetikerin & Co. in einem Turnus á la Carmen Geiss mag Ihnen zwar das Lesen der »Vermischtes-Spalte« Ihrer Zeitung oder der Klatsch- und Tratsch-Magazine im TV ersparen, kosten Sie unterm Strich aber doch weit mehr Lebenszeit, als gewünscht.

Hinzu kommen natürlich regelmäßige Friseurbesuche. Frauen gehen statistisch gesehen noch 5,2 Mal im Jahr zum Friseur, Männer 6,85 Mal. Interessant: 39 Prozent der deutschen Bevölkerung gehen überhaupt nicht zum Friseur. In diesem Bereich mag es – wahrscheinlich überwiegend für Männer – eine Überlegung wert sein, ob das Rasieren einer Glatze nicht wesentlich weniger zeitintensiv als der Besuch eines Frisörs zu Buche schlägt?

Auch die Zeit für das mehrfach täglich angewandte Ritual des dreiminütigen Zähneputzens summiert sich pro Jahr auf stolze 36,5 Stunden für die Mundhygiene. Spannend hier ein Start-up aus Österreich, das im Vorjahr eine innovative Erfindung vorgestellt hat, Zähne in nur 20 Sekunden statt vier Minuten täglich mit gleicher Gründlichkeit zu putzen. Rechnen Sie das einmal hoch: Je nach Alter gewinnen Sie so leicht mehrere Monate Lebenszeit. Allerdings scheint das Produkt bislang noch keine ausreichende Marktreife zu besitzen. Schade eigentlich.

Nicht zu vergessen: die häufig sogar noch ausgedehnte Zeit auf der Toilette. Letztere wird gerne als Entspannungsritual mit mehr oder weniger sinnvoller Lektüre genutzt. Allerdings mag hier die Frage berechtigt sein, ob etwas, was ich zum Lesen für den Gang auf die Toilette aufhebe, überhaupt wert ist, gelesen zu werden. Aber egal, was wir dort nun im Detail tun: Im Lauf unseres Lebens verbringen wir immerhin ein halbes Jahr auf dem »stillen Örtchen«. Diese Zahl wird durch die Erfindung des Smartphones in den kommenden Jahren wohl deutlich zunehmen. Das hat auch sein Gutes: Bereits heute freuen sich viele Frauen über die Tatsache, dass sich der Gatte seit der Erfindung des Smartphones zum Urinieren wenigstens setzt. Was die beängstigende Zahl der Menschen in meinem Umfeld erklärt, die eine unfreiwillige, mehrtägige Kommunikationsauszeit mit dem Argument begründen, ihr Telefon sei in die Toilette gefallen. Ich weiß nicht, wann mir Multitasking befremdlicher erschien, aber viele Situationen wird es definitiv nicht geben.

Zugegeben ist das Zeitsparpotenzial hier auf einige wenige Bereiche begrenzt, sofern wir nicht die Geruchsrezeptoren unserer Mitmenschen übermäßig strapazieren wollen. Dennoch gibt es einige Möglichkeiten, Zeit zurückzugewinnen:

- Verzichten Sie bei jedwedem Gang ins Bad auf Ihr Smartphone.
- Duschen Sie, statt ein Bad zu nehmen. Dies spart nicht nur immens Ressourcen, sondern auch Zeit. Hin und wieder mag ein Warmbadetag zur Entspannung durchaus angebracht sein, im täglichen Leben dauert er schlicht doppelt so lange.

- Reduzieren Sie Ihre Zeit für Make-up und Frisieren auf das Nötigste. Nicht, dass Sie gänzlich verwahrlosen sollten, nur um nennenswerte Zeit zu sparen, aber wenn Sie sich schon morgens vor dem Spiegel in die Augen blicken und sagen können, »... (hier bitte Ihren eigenen Vornamen einsetzen), ich liebe dich!«, ist dies wahrscheinlich die sinnvollste Zeit vor dem Spiegel, die am meisten zu einem guten Aussehen beiträgt.

### Was Sie sofort tun können:

- Badezimmerbesuche prinzipiell ohne Smartphone

### Was Sie ab morgen garantiert anders machen:

- Lassen Sie sich einen Bart wachsen.
- Duschen Sie, statt zu baden.

16

# Multitasking

***»Ich bin multitaskingfähig. Ich kann problemlos mehrere Probleme gleichzeitig ignorieren.«***

Über einen Mythos, den wir Männer längst entlarvt haben

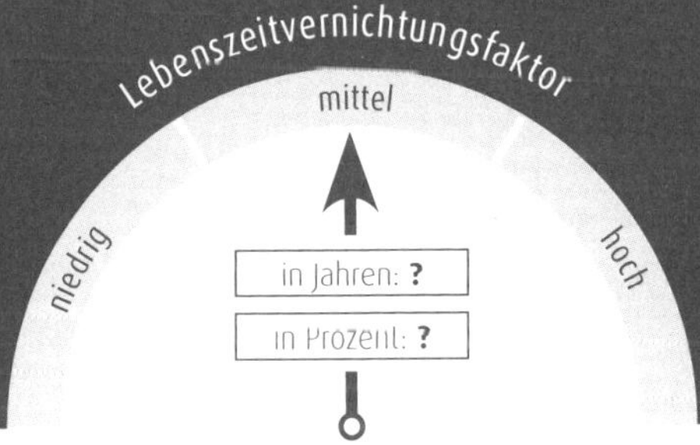


**Sind Sie betroffen?**

☐ Sie lesen dieses Kapitel just in dem Moment, während Sie noch etwas anderes tun (hoffentlich nicht selbst Auto fahren).

☐ Sie fangen dieses Kapitel bereits zum dritten Mal an, weil Sie feststellen, dass es nicht funktioniert, gleichzeitig noch etwas anderes zu tun und trotzdem aufmerksam zu sein.

☐ Sie sind ein Mann, denn Sie halten Multitasking für eine besondere Fähigkeit und wähnen sich bereits im Olymp der Superhelden.

Wenn Sie zweimal zustimmen, sollten Sie weiterlesen.

Wir leben in einer Multitasking-Welt. Im Job versuchen Sie, gleichzeitig an mehreren Projekten zu arbeiten. Sie telefonieren gerade, und drei neue Mails kommen herein. Sie versuchen, rechtzeitig wegzukommen, um auf dem Nachhauseweg ein paar Lebensmittel einzukaufen, während Ihr Smartphone per Vibration das Eintreffen neuer Nachrichten signalisiert. Ein Kollege kommt mit der Bitte nach Informationen vorbei, und Sie sollten noch eine Handvoll Artikel im Google Reader oder in diversen Newslettern lesen. Sie haben gelernt, im Eiltempo mit Aufgaben zu jonglieren, so wie es sich für das Informationszeitalter gehört.

## Der trügerische Schein der Gleichzeitigkeit

Der Begriff Multitasking kommt ursprünglich aus der Computerwelt und steht für das quasi gleichzeitige Abarbeiten mehrerer Aufgaben (Tasks) durch den Computer. Aber auch ein Prozessor kann nur jeweils einen Befehlsstrom verarbeiten. So simuliert er die Ausführung mehrerer Programme, indem er erst einige Befehle des ersten Programms bearbeitet, danach zum zweiten Programm umschaltet, dann zum dritten und so weiter. Die Bearbeitungs- und Umschaltzeiten sind dabei sehr gering. Was wie gleichzeitig erscheint, ist in Wahrheit nur ein sehr schnelles Nacheinander.

Wer viel mit dem Computer arbeitet und dabei unterschiedliche Aufgaben erledigt, hat schon erlebt, dass der Rechner merklich langsamer werden kann. Wenn etwa Software heruntergeladen, parallel dazu in einem Grafikprogramm gearbeitet wird und im Hintergrund Daten abgeglichen werden, dann dauert das ein bisschen länger als gewöhnlich. Doch Computer werden ständig schneller. Die meisten haben heute mehr als einen Prozessor. So bewältigen sie immer größere Datenmengen.

## Wir Männer wissen es längst: Multitasking funktioniert nicht

Bei uns Menschen hingegen funktioniert Multitasking nur bedingt. Frauen sind hier übrigens ausdrücklich eingeschlossen, denn Studien zeigen keine Unterschiede zwischen den Geschlechtern. Rein physiologisch gesehen kann das menschliche Gehirn nicht auf mehrere Dinge gleichzeitig reagieren – egal ob es sich um einen Mann oder eine Frau handelt. Zwar ist es uns noch möglich, gleichzeitig auf dem Heimtrainer zu radeln und zu lesen. Oder wir können Zeitung lesen und dabei einen Kaffee trinken. Aber sobald die Aufgaben komplexer werden, ist Schluss. Was zum Beispiel nicht geht: etwas lesen und gleichzeitig über etwas sprechen. Also ist unser Gehirn gezwungen, beides wie ein Rechner im Wechsel auszuführen. Erst ein bisschen lesen, dann sprechen, dann wieder lesen. Anders ausgedrückt: Das Gehirn wechselt blitzschnell von einer Aufgabe zur anderen und wieder zurück. Nur so ist es ihm möglich, beide Aufgaben scheinbar gleichzeitig zu bearbeiten.

Testen Sie mal, wie es um Ihre Multitasking-Fähigkeit bestellt ist:

Zeichnen Sie mit dem rechten Zeigefinger eine Sechs in die Luft, danach kreisen Sie den rechten Fuß im Uhrzeigersinn, danach machen Sie beides zusammen. Nur wenige Menschen schaffen das.

## Mythos Multitasking

Der ständige Wechsel ist für das Gehirn auf Dauer anstrengend. Vor allem aber: Wirklich schneller erledigt wird das Arbeitspensum dadurch nicht. Im Gegenteil: Insgesamt dauert es sogar länger, als wenn die Aufgaben nacheinander gelöst würden. Zahlreiche Studien beweisen das genaue Gegenteil: Die zeitlichen Verluste sind in der Summe enorm. Fazit: Wir erreichen unsere Ziele nicht – und zwar, weil wir es mit Multitasking versuchen.

Jedes Mal, wenn das Gehirn bewusst oder unbewusst von einer kognitiven Aufgabe zur anderen wechselt, kostet das Zeit. Hinzu kommt noch die Zeit, um sich wieder in die erste Aufgabe hineinzudenken. Zu viele Wechsel verlängern die Bearbeitungszeit für die einzelnen Aufgaben deutlich. Die Effektivität des Gehirns sinkt um bis zu 40 Prozent. Selbst die Gedächtnisleistung hochbegabter Harvard-Studenten fällt in solchen Situationen teilweise auf das Niveau achtjähriger Kinder ab. Das heißt, schätzungsweise ein Viertel der Arbeitszeit wird verbraucht für etwas, das doch schneller gehen sollte.

Aber wir können doch Auto fahren und gleichzeitig telefonieren? Selbstverständlich können wir beim Fahren Telefongespräche führen. Untersuchungen der Universität Utah zeigen allerdings, dass die Unfallrate um das Vierfache steigt, wenn während der Fahrt telefoniert wird – auch mit Freisprechanlage. Selbst das Geschehen direkt im Blickfeld wird dann oft nicht mehr bewusst wahrgenommen. Die Reaktionszeit eines telefonierenden Autofahrers entspricht der eines angetrunkenen mit 0,8 Promille. Sobald das Gehirn nicht nur wahrnehmen, sondern auch reagieren soll, scheitert die Gleichzeitigkeit.

Warum wollen wir eigentlich alles auf einmal machen? Arbeitsabläufe – heute als Workflow bezeichnet – haben sich stark verändert. Das Arbeitstempo ist in vielen Bereichen wesentlich schneller, die Reaktionszeiten dagegen deutlich kürzer. Kam früher ein- oder zweimal am Tag die Post, waren Sprechzeiten zeitlich begrenzt und war Erreichbarkeit fast nur bei Anwesenheit am Arbeitsplatz gegeben, kommt die elektronische Post heute in Sekundenschnelle an und sie soll möglichst sofort bearbeitet werden. Jeder ist fast immer und überall erreichbar. Um im Büroalltag alles innerhalb eines Arbeitstags zu bewältigen, werden verschiedene Aufgaben gleichzeitig bearbeitet.

Dennoch nimmt der Berg der Aufgaben zu, nicht ab. Immer häufiger gehen wir unbefriedigt in den Feierabend, weil wir unser Pensum nicht erfüllt haben. Trotz Multitasking. Zwar waren wir den ganzen Tag beschäftigt, dabei aber nicht wirklich produktiv.

Auch wenn die Vorstellung, an mehreren Projekten gleichzeitig zu arbeiten, attraktiv sein mag: Multitasking funktioniert nicht. Denn einerseits leidet in vielen Fällen Ihre Arbeitsqualität unter der geteilten Aufmerksamkeit. Andererseits arbeiten Sie mit Multitasking deutlich langsamer, als wenn Sie sich auf eine Aufgabe konzentrieren.

## Multitasking ist keine Kunst, sondern die Unfähigkeit, sich zu organisieren

Im Klartext heißt das: Wer mehrere Dinge gleichzeitig macht, arbeitet in allen Bereichen nur oberflächlich. Die Qualität der Arbeit lässt nach. Spitzenleistungen sind nicht zu erzielen. Das mag beim

Bügeln und Fernsehen zu verschmerzen sein. In Bereichen, in denen es auf das Ergebnis ankommt, ist es das nicht.

Kommen viele Aufgaben zusammen, erzeugt das Stress. Die meisten Menschen empfinden Mehrfachbelastungen als anstrengend. Konzentriert man sich allerdings mindestens zehn Minuten auf nur eine Aufgabe, kann die volle Leistung erbracht werden. Deshalb ist es so wichtig, sich ungestörte Zeiten zu sichern.

Wer weiß, was in seinem Job wirklich zählt, gibt das Multitasking auf. Wenn jeder Ihrer Mitarbeiter nur eine Stunde am Tag ohne Unterbrechung durcharbeiten würde, die Ergebnisse Ihres Unternehmens würden rasant nach oben katapultiert werden.

Wenn Sie sich auf die Aufgabe konzentrieren, die Sie gerade jetzt zu erledigen haben, statt vieles gleichzeitig anzufangen, dann werden Sie weit erfolgreicher agieren. Richten Sie daher Ihren Fokus voll auf die Gegenwart!

## Wie es Ihnen gelingt, sich nur einer Aufgabe auf einmal zu widmen

- Fragen Sie sich bereits am Vorabend: Welche eine Aufgabe bringt mich morgen meinem wichtigsten Ziel am nächsten? Tragen Sie dann einen Termin für diese Hauptaufgabe in Ihrem Kalender ein. Legen Sie sich dann bereits die erforderlichen Unterlagen für diese Aufgabe auf Ihren Schreibtisch. Sonst nichts. Und arbeiten Sie dann gleich als Erstes an Ihrer wichtigsten Aufgabe. Tun Sie nichts anderes, bevor diese erledigt ist.
- Wenn es Sie reizt, Ihre Mails anzusehen oder etwas anderes in Angriff zu nehmen, so bremsen Sie sich. Atmen Sie tief durch. Konzentrieren Sie sich wieder. Machen Sie bei der angefangenen Arbeit weiter.
- Kommt während Ihrer Arbeit anderes dazu, so legen Sie es in den Eingangskorb, ohne jede weitere Beachtung. Bleiben Sie bei Ihrer Aufgabe. Den Eingangskorb können Sie durchsehen, wenn Sie die Aufgabe erledigt haben.

- Belohnen Sie sich für Ihre Konzentrationskraft. Wenn die Aufgabe erfolgreich abgeschlossen ist, holen Sie sich eine Tasse Kaffee, werfen Sie einen Blick auf Facebook, rufen Sie einen Freund an oder laufen Sie ein paar Schritte und atmen Sie tief durch. Nehmen Sie sich ganz bewusst eine fünfminütige Auszeit.

**Was Sie sofort tun können:**

- Hören Sie auf, beim Autofahren zu telefonieren.

**Was Sie ab morgen garantiert anders machen:**

- Legen Sie die wichtigste Aufgabe des Folgetages am Vorabend raus und arbeiten Sie ausschließlich daran, bevor Sie irgendetwas anderes tun.
- Bündeln Sie gleichartige Aufgaben wie Telefonate oder Mails in Arbeitsblöcke.

17

# Nein sagen (nicht … können)

***»Im Moment muss ich leider ‚Nein' sagen, aber wenn sich was ändert, geb' ich Bescheid.«***

So unterbinden Sie Störungen konsequent und wirkungsvoll.

**Sind Sie betroffen?**

- ☐ Sie gelten als gutmütig und hilfsbereit und dieses Image ist unglücklicherweise auch unter Ihren Kollegen allgemein bekannt.
- ☐ Nein zu sagen bereitet Ihnen regelrecht körperliche Schmerzen.
- ☐ Das Taschengeld Ihrer Kinder würde bis zur Rente reichen, bei den ganzen Vorschüssen.

Wenn Sie zweimal zustimmen, sollten Sie weiterlesen.

Es hilft alles nichts: Unser größtes Problem sind wir selbst. Wir wollen einfach zu gerne gebraucht werden. Und mutieren damit zu unserem größten Zeitdieb.

Einer der größten Stressverursacher ist es, wenn wir Ja sagen, obwohl wir Nein meinen. Meistens ist es nämlich so: Wir sagen erst einmal Ja, weil wir ein Nein so schlecht über die Lippen bringen. Das passiert sowohl im Berufs- als auch im Privatleben.

So könnte Sie beispielsweise ein Freund am Montag bitten, ihm am Samstag beim Umzug zu helfen. Sie sagen zu, weil Sie nicht Nein sagen können. Oder Sie erhalten Anfang der Woche eine Einladung zum Cocktailabend. Sie haben gar keine Lust, hinzugehen, sagen aber trotzdem Ja und ärgern sich eine Woche darüber, dass Sie nicht Nein gesagt haben. Am Ende bekommen Sie noch Magenschmerzen oder erwägen eine armselige Ausrede.

Eine vorschnelle Zusage hat in jedem Fall zur Folge, dass es Ihnen schlecht geht. Früher oder später. Entweder ziehen Sie die Sache durch, weil auf Sie Verlass ist, dann ärgern Sie sich hinterher. Oder Sie ärgern sich vorher fünf Tage lang über sich selbst, weil Sie vorschnell zugesagt haben. Dann werden Sie krampfhaft darüber nachdenken, mit welcher Ausrede Sie wieder aus der Nummer herauskommen. Nicht, dass wir hier nicht kreativ wären: Von »Hamster gestorben« bis »Schwiegermutter krank« (oder umgekehrt) erwägen wir in solchen Situationen, nahezu jeden halbwegs plausibel klingenden Grund vorzuschieben.

Wenn Sie Arbeiten und Aufgaben erledigen, für die Sie gar nicht zuständig sind, dann bleibt Ihnen weniger Zeit für Ihre Aufgaben oder eben weniger Zeit für Ihre Freizeit. Deshalb: Lernen Sie, Nein zu sagen. Dies könnte eine der wichtigsten Erkenntnisse aus diesem Buch sein. Setzen Sie Prioritäten. Es wird nicht nur Sie, Ihre Gesundheit und Ihre Familie schonen, sondern Sie werden auch merken, dass man Ihnen und dem, was Ihnen wichtig ist, mehr Respekt entgegenbringt.

Sagen Sie »Nein« zu unwichtigen Anfragen. Verweigern Sie sich einfach. Das Wörtchen „Nein« ist das zeitsparendste Wort, das es gibt. Nein sagen, wenn möglich. Ja sagen, wenn nötig. Lernen Sie,

»Nein« zu einer Art Reflex zu machen, wann immer ein Anliegen an Sie herangetragen wird.

Eine der hilfreichsten Formulierungen, ohne den anderen vor den Kopf zu stoßen, lautet: »Im Moment muss ich leider Nein sagen, aber wenn sich etwas ändert, gebe ich Ihnen Bescheid!« Diese Formulierung funktioniert in 100 Prozent der Fälle, probieren Sie es aus, Sie müssen nur den Mut haben. Am besten lernen Sie diesen Satz auswendig. Verwenden Sie ihn wie einen Reflex. Anfrage – Satz – fertig.

Grundsätzlich empfiehlt es sich, dabei einen ernsten Blick im Spiegel zu üben und ihn großzügig bei jedem anzuwenden, der unterbricht oder eine Anfrage an Sie richtet.

Das Entscheidende ist aber: Sie haben Nein gesagt, aber sich trotzdem noch eine Tür offengelassen. Außerdem haben Sie Ihr Bedauern zum Ausdruck gebracht. Gleichzeitig hat der andere eine ehrliche Antwort erhalten und ist nicht beleidigt, denn es besteht ja noch die Möglichkeit, dass sich etwas ändert. Sie haben eine Schublade geschlossen und damit Zeit und Energie gespart, denn Sie schieben keine Absage mehr vor sich her.

Natürlich sollten Sie Ihre Hilfsbereitschaft nicht völlig abstellen. Und sicher ist es wenig ratsam, auf die Frage Ihrer Frau: »Schatz, bringst du heute Abend nach dem Büro noch eine Kiste Mineralwasser mit?«, mit diesem Satz zu beantworten. Den Anteil, in Ihrem Privatleben bei verschiedenen Anlässen in dieser Form mit Nein zu reagieren, sollten Sie daher nur sehr dezidiert einsetzen. Aber selbst, wenn Sie sich auf nur etwa 25 Prozent beschränken, hat dies ein Viertel weniger Stress und Frust zur Folge. Wichtig ist, dass Sie selbstbestimmt entscheiden, wann und wozu Sie Ja sagen.

Während Ihrer Arbeitszeit hingegen sollten Sie bis zu 75 Prozent der Anfragen mit dieser Reaktion abschmettern. Beim Coaching einer Führungskraft, der für die Marketingabteilung eines Automobilzulieferers verantwortlich war, hat mein Klient allein durch diesen Tipp jeden Tag mehr als 90 Minuten gewonnen. Dabei war die Ausgangslage denkbar schlecht: kleine Abteilung mit zwölf Mitarbeitern, Großraumbüro, antiautoritärer Führungsstil. Zum Beispiel bekam er die Anfrage eines Mitarbeiters: »Chef, ich hab' die Präsentation vorbereitet, kannst du da noch mal drüberschauen?« Und was war seine Antwort? »Klar, schick' sie mir mal rüber, ich schau' sie mir nachher kurz an.« Dass das Wort »kurz« in seiner Antwort in keinem Verhältnis zur später tatsächlich aufgewandten Zeit stand, versteht sich von selbst …

Stattdessen lautete seine Antwort nach unserem Coaching: »Im Moment hab' ich leider zu viel zu tun, aber wenn sich etwas ändert, komme ich gerne auf dich zu.« Und schieben Sie bitte keine Rechtfertigung hinterher, denn dadurch offenbaren Sie häufig, dass Sie ein schlechtes Gewissen haben.

Ein Einwand, den ich auf diesen Vorschlag immer wieder höre, lautet: »Aber wenn ich das häufiger zu ein und derselben Person sage, dann kommt der ja irgendwann gar nicht mehr zu mir.« Stimmt! Damit hätten wir dann ja ein weiteres, wichtiges Ziel erreicht: Ihre Mitarbeiter lösen ihre Aufgaben selbstständig.

Nennen wir es einfach aktives Gesprächsmanagement!

## Paragraf eins: Jeder löst seins

Die meisten Menschen werden Ihnen so viel Zeit stehlen, wie Sie es zulassen.

Grundsätzlich signalisiert Ihnen der Zeitdieb mit jeder Störung, dass seine Zeit wertvoller ist als Ihre. Lassen Sie das auf keinen Fall zu. Geben Sie ab sofort keine Ihrer kostbaren Minuten ohne Widerstand ab. Seien Sie ruhig mutig. Ein Problem gehört schließlich immer dem, der es hat.

Lassen Sie nicht zu, dass Kollegen Arbeit an Sie abgeben. Wenn Sie ihnen die Möglichkeit einräumen, werden sie davon auch Gebrauch machen – und zwar reichlich.

Vergessen Sie die beliebte Floskel: »Wie geht's?«, wenn jemand Sie anruft. Verwenden Sie stattdessen eine Begrüßung wie: »Ich bin gerade dabei, eine wichtige Aufgabe fertigzustellen, aber was kann ich für dich tun?« Damit fordern Sie andere auf, ohne Umschweife zum Punkt zu kommen. Auf die Frage: »Hast du kurz Zeit?«, antworten Sie prinzipiell mit: »Wie lange genau?« Und wenn Ihr Gesprächspartner den Zeitrahmen genannt hat, erwidern Sie: »Gerne. Passt es dir um 17.12 Uhr?«

Fragen Sie Ihren Zeitdieb: »Was würden Sie tun, wenn ich nicht da wäre?« In der Übergangsphase kann es erforderlich sein, noch den Satz: »Wunderbar, worauf warten Sie dann noch?« oder »Klasse, warum tun Sie's dann nicht?« zu ergänzen. Aber schon nach kurzer Zeit sollten Sie das Ziel erreicht haben, dass Ihre Kollegen ihre Aufgaben in Eigenregie lösen.

Ich bin noch einen Schritt weitergegangen und habe einen Türhänger entwickelt – ähnlich den »Nicht-stören-Schildern« in Hotels, auf dem dieser Satz verewigt ist.

Bitte beachten Sie: Das Türschild wirkt nur, wenn Sie es nicht zu häufig einsetzen.

Gerne sende ich Ihnen den Link zum Download des Schildes. Senden Sie mir einfach eine Mail mit dem Betreff »Stopp-Schild« an autor@martingeiger.com.

Experimentieren Sie zunächst mit ein oder zwei Stunden pro Tag, in denen Sie sich auf diesem Weg gegen jede Ablenkung abschotten, und drehen Sie in der übrigen Zeit das Schild dementsprechend um oder nehmen Sie es ab.

### Was Sie sofort tun können:

- Reagieren Sie auf jedwede Anfrage ab sofort prinzipiell mit der Standard-Antwort »Im Moment muss ich leider ‚Nein' sagen, aber wenn sich etwas ändert, gebe ich Bescheid.«

### Was Sie ab morgen garantiert anders machen:

- Hängen Sie ein Stopp-Schild an die Tür.
- Streichen Sie ein »Wie geht's?« aus Ihrem Begrüßungsrepertoire.

18

# Perfektionismus

***»Lieber fehlerhaft begonnen, als perfekt gezögert«***

Warum schnell und gut besser ist als langsam und perfekt.

---

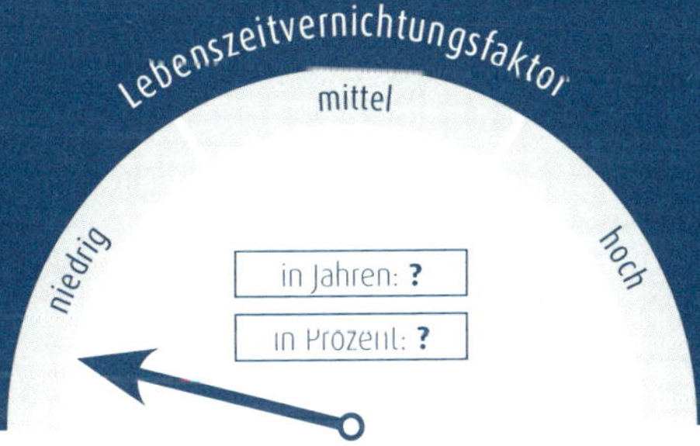


## Sind Sie betroffen?

- ☐ Sie sind zwar möglicherweise direkt zu diesem Kapitel gesprungen (Glückwunsch zu Ihrem realistischen Selbstbild), aber Sie werden nicht ruhen, bevor Sie dieses Buch vollständig gelesen haben.
- ☐ Sie haben immer das Gefühl, noch etwas besser machen zu können, egal wie lange Sie daran gearbeitet haben.
- ☐ Bevor Sie anfangen, brauchen Sie einen genauen Plan, der alle Eventualitäten berücksichtigt.

Wenn Sie zweimal zustimmen, sollten Sie weiterlesen.

Perfekt sein zu wollen verschwendet nicht nur wertvolle Lebenszeit, sondern macht Sie zu allem Überfluss auch noch unglücklich. Ich gehe jede Wette ein, dass es Ihnen nicht gelingen wird, einen Perfektionisten zu finden, dessen Leben von innerem Frieden erfüllt wäre. Beides schließt sich gegenseitig aus.

Der Wunsch nach Perfektion gleicht einem Kampf gegen Windmühlen. Wir stehen auf verlorenem Posten. Denn egal was wir auch unternehmen, das schlechte Gewissen ist unser ständiger Begleiter. Statt also unseren Blick auf Mangelhaftes zu legen, sollten wir damit beginnen, uns ab und an auch mit Unzulänglichkeit zufriedenzugeben.

Oft gehen wir bei unserem eigenen Rollenverständnis schlicht von überzogenen Erwartungen aus. Vor allem an sich selbst. So wollen Frauen hierzulande häufig nicht nur eine perfekte Frau sein, sondern auch eine perfekte Mutter. Dazu wollen sie noch einen perfekten Job machen, den perfekten Haushalt schmeißen und die perfekte Liebhaberin sein. Ein solcher Anspruch stresst natürlich, und Stress macht sich im Zwischenmenschlichen stark bemerkbar. Wenn man 80 Stunden in der Woche versucht, perfekt zu sein, bleibt die innere Zufriedenheit auf der Strecke.

Es gibt um uns herum Länder, in denen es für eine Frau ganz offensichtlich einfacher ist, erst einmal eine Frau zu sein, ohne gleichzeitig nebenbei noch alle anderen Rollen perfekt ausfüllen zu müssen.

Aber nicht nur Frauen versuchen, Karriere, Familie, Hobbys, Freunde und Persönlichkeitsentwicklung unter einen Hut zu bringen. Doch dafür reichen 24 Stunden am Tag nicht aus, und eine zunehmende Zahl an Burn-out-Erkrankungen hat genau hier ihren Ursprung.

Manchmal würde es uns guttun, wenn wir uns auf eine Sache konzentrieren und bei den anderen Dingen akzeptieren würden, dass niemand immer perfekt sein kann.

Also vergessen wir das ganze »Perfekt-Sein«-Wollen, denn im Streben danach verpassen wir den Moment.

## Hilfreiche Tipps für weniger Perfektion

1. Behalten Sie das große Ganze im Auge.
   Viele Perfektionisten verzetteln sich in Details. Effekt: Das Projekt dauert länger, als es sollte, und die Sache wächst Ihnen schließlich über den Kopf.
2. Seien Sie nachsichtig mit sich.
   Hören Sie auf, sich selbst zu zerfleischen, wenn etwas mal nicht geklappt hat wie geplant. Stärken Sie lieber Ihre Stärken. Chronische Selbstzweifel ziehen nur runter und machen Sie mit jedem Mal unsicherer. Die besten Voraussetzungen für Minderwertigkeitskomplexe.
3. Verzichten Sie auf Vergleiche.
   Jeder kann etwas – und manche eben etwas besser als andere. Talente sind nun mal ungleich verteilt. Ihre Aufgabe ist es nicht, für Gerechtigkeit zu sorgen, sondern das Beste aus Ihren Begabungen zu machen. Das reicht völlig.
4. Setzen Sie realistische Erwartungen.
   Kein Mensch wird von Ihnen Wunder erwarten. Warum also Sie? Es reicht, dass Sie versuchen, Ihre Sache gut zu machen. Oft sind bereits 80 Prozent völlig ausreichend, um sein Ziel zu erreichen. Wo immer es Ihnen möglich ist: Geben Sie sich damit zufrieden. Wenn Sie darauf warten, dass alles so ist, wie Sie es gern hätten: viel Glück. Bis dahin ist der Zug längst abgefahren.
5. Rechnen Sie damit, Fehler zu machen.
   Nullfehlertoleranz können sich allenfalls Götter leisten. Der Rest von uns muss damit leben, Fehler zu machen. Macht nichts, denn daraus lernen wir oft mehr als aus Erfolgen. Sehen Sie sie also nicht als Feind, sondern als Chance. Ohne Fehler hätte Christoph Kolumbus zum Beispiel nie Amerika entdeckt und ich nie dieses Buch geschrieben.
6. Lernen Sie, mit Kritik umzugehen.
   Es ist ein Irrglaube, dass Perfektion vor Kritik schützt. »Everybody's Darling is everybody's Depp«, sagt deshalb der Spanier und er hat recht. Wer es dennoch versucht, wird sich zwangsläufig verzetteln, verliert sein Ziel aus den Augen und opfert obendrein sein Rückgrat.

7. Analysieren Sie weniger.
   Man kann Probleme auch überanalysieren. Auch das ist eine Form von Detailversessenheit. Oder eine Form von Aufschieberitis: Aus Angst, loslegen zu müssen und dann womöglich Fehler zu machen, wird einfach weiter analysiert. Nichts gegen gute Planung. Aber betrügen Sie sich dabei nicht selbst!
8. Wählen Sie Ihren Experten-Bereich.
   Suchen Sie sich einen Bereich aus, in dem Sie sich gestatten, Ihrem Streben nach Perfektion nachzugeben. Entwickeln Sie sich zum Spezialisten und Experten, lassen Sie Akribie walten. Aber in allen anderen Dingen seien Sie nachsichtig mit sich selbst und handeln Sie nach dem Grundsatz: »Gut ist gut genug.«
9. Machen Sie es einfach.
   Den Satz dürfen Sie in seiner doppelten Bedeutung wörtlich nehmen: Legen Sie endlich los – und verkomplizieren Sie die Dinge nicht unnötig.

## Was Sie sofort tun können:

- Schnell und gut schlägt langsam und perfekt. Legen Sie deshalb einfach los, auch wenn die Voraussetzungen noch nicht perfekt sind.

## Was Sie ab morgen garantiert anders machen:

- Geben Sie sich mit 80 Prozent zufrieden und freuen Sie sich am Ergebnis.
- Wählen Sie Ihren Expertenbereich aus, in dem Sie perfekt sein dürfen.

19

# Rauchen

***»Mit dem Rauchen aufhören ist kinderleicht. Hab' ich schon 100 Mal geschafft.«***

Wer mit 100 noch raucht, wird nicht alt werden.

---

## Sind Sie betroffen?

- ☐ Wenn Sie gerade keine Zigarette rauchen, wissen Sie gar nicht mehr, wozu Ihre rechte Hand da ist.
- ☐ Die Anzahl der Zigaretten, die Sie wirklich bewusst genießen, können Sie an einer Hand abzählen.
- ☐ Sie geben zur Rechtfertigung Ihrer Sucht so vermeintlich kluge Sätze ab wie »Raucher sind regelmäßig geselliger«, »Ich rauche einfach gerne« oder »Ich kann mich dabei besser konzentrieren« und glauben das wirklich selbst.

Wenn Sie zweimal zustimmen, sollten Sie weiterlesen.

Nicht nur, dass Rauchen Ihr Leben signifikant verkürzen kann, Sie Unsummen kostet oder inzwischen alles andere als gesellschaftlich anerkannt ist. Nein, auch die Eigenschaften, die wir als Raucher dem Glimmstängel zuschreiben, sind nichts weiter als heiße Luft. Sie entstehen lediglich in unseren Köpfen. Somit ist auch das Aufhören nicht nur en vogue, sondern im Vergleich zu diversen anderen Süchten auch kein sonderliches Problem. Denn wenn Sie auf die Zigarette verzichten, werden Sie feststellen, dass Ihnen nichts wehtut.

Als starker Raucher habe auch ich bis vor 15 Jahren nicht nur für das Rauchen an sich viel Zeit aufgewendet, sondern auch für das Kaufen der Zigaretten, das Suchen nach Feuer, dass Leeren der Aschenbecher und dergleichen mehr. Rauchen kostet so viel Zeit, dass ich offen gestanden in meinem Unternehmen nach Möglichkeit gar niemanden mehr einstellen würde, der raucht. Das Problem dabei ist nicht nur, dass eine nur sechsminütige Raucherpause jede Stunde die Produktivität um mindestens zehn Prozent senkt, bei starken Rauchern verschlechtert sich das Arbeitsergebnis häufig auch dadurch, dass über längere Strecken, in denen sie konzentriert arbeiten müssen, ohne dazwischen rauchen zu dürfen, die Nervosität und Unruhe ansteigen.

Auch wenn Sie unter Tauchern möglicherweise als Vorbild gelten, weil Ihre Sauerstoffflasche unter Wasser aufgrund Ihrer begrenzten Lungenkapazität doppelt so lange hält. Die weniger erfreulichen Nebeneffekte überwiegen: Selbst wenn wir die gesundheitlichen Auswirkungen, den schlechten Atem oder den Geruch von kaltem Rauch, der für das Umfeld sehr belastend ist, außer Acht lassen: Rauchen hat auch wirklich überhaupt keinen positiven Effekt, der sich nicht auf anderem Wege mindestens ebenso gut, aber weit gesünder erzielen ließe.

Trotzdem raucht hierzulande immer noch knapp ein Drittel der Erwachsenen. Davon haben über vier Millionen in den vergangenen zwei Jahren erfolglos versucht, mit dem Rauchen aufzuhören.

Als Ex-Raucher kenne ich natürlich auch all die gut klingenden Argumente: Raucher seien geselliger und schließlich rauche man ja auch nur ab und zu in Gesellschaft und das nach ein paar Gläsern. Wenn Sie zu den wenigen Rauchern gehören, die das wirklich schaffen: herzlichen Glückwunsch. Die Mehrheit ist jedoch keineswegs nur Gelegenheitsraucher und investiert problemlos durchschnittlich 1.200 € pro Jahr in Tabak.

Irgendwann habe ich aus all diesen Gründen deshalb auch aufgehört. Weniger, weil mir die verschwendete Lebenszeit so extrem vorkam, sondern weil ich gerne meine Unabhängigkeit von irgendwelchen Süchten wiedererlangen wollte.

Wenn Sie selbst rauchen, fragen Sie sich an dieser Stelle doch einmal ganz ehrlich:

1. Wollten Sie schon mal aufhören?
2. Wie viele Anläufe haben Sie unternommen?
3. Was war Ihre Motivation?
4. Welche Methode haben Sie probiert?
5. Woran ist es gescheitert?

Die Methode, mit der es mir vor mehr als 15 Jahren gelang, das Rauchen sein zu lassen, hat weniger als eine Stunde gedauert, und das war aus den vorgenannten Gründen wirklich sinnvoll eingesetzte Lebenszeit. Ich habe es im Nachgang auch mit mehreren starken Rauchern probiert, denen es ebenfalls ohne Weiteres möglich war, in weniger als einer Stunde für den Rest ihres (bisherigen) Lebens problemlos die Finger von den Zigaretten lassen zu können. Meine Methode habe ich deshalb inzwischen auf *www.rauchfrei-in-60-minuten.de* veröffentlicht – samt Erfolgsgarantie.

Aber egal, ob Sie nun mit einer kurzen Audioanleitung oder Nikotinpflastern, mit Hypnoseinjektionen, Seminaren, Büchern oder allerlei anderem Hokuspokus die Finger von der Zigarette lassen: Hauptsache, die von Ihnen gewählte Methode mündet nicht in einer Ersatzbefriedigung, die nicht minder gesundheitsschädigend ist. Schokolade ist kein sinnvoller Zigarettenersatz. Glauben Sie mir, ich habe es probiert.

Heute ist der erste Tag vom Rest Ihres Lebens, Sie sollten ihn rauchfrei gestalten. Ich verspreche Ihnen, die Auswirkungen auf ein in vielfacher Hinsicht – nicht nur finanziell – reicheres Leben sind enorm.

### Was Sie sofort tun können:

- Entscheiden Sie sich, mit dem Rauchen aufzuhören.

### Was Sie ab morgen garantiert anders machen:

- Werfen Sie Ihre Zigaretten weg.
- Wählen Sie Ihre bevorzugte Methode zur Rauchentwöhnung und starten Sie noch heute.

20

# Schlafen (lange)

***»Der frühe Vogel fängt sich gleich eine«***

Wenn Sie abends gerne mal so müde wären wie morgens

---

## Sind Sie betroffen?

- ☐ Sie sind noch nie aufgewacht, bevor es draußen hell war.
- ☐ Auf der mit Abstand abgenutztesten Taste Ihres Weckers steht das Wort »Snooze«.
- ☐ Wenn Schlafen ein Beruf wäre, würden Sie regelmäßig Überstunden machen.

Wenn Sie zweimal zustimmen, sollten Sie weiterlesen.

Unangefochtener Spitzenreiter in der Verwendung unserer Lebenszeit ist das Schlafen. Einen Großteil unseres Lebens verschlafen wir schlichtweg.

Zunächst war ich der Überzeugung, ein Großteil dieser Zeit kommt vor allem Teenagern zu, kann ich mich doch selbst noch allzu gut an meine – zugegeben schon etwas länger zurückliegende – Jugendzeit erinnern: Regelmäßig musste ich nach der Schule erst mal ein kleines Mittagsschläfchen halten, weil nachts beim besten Willen keine Zeit zum Schlafen war. Und freie Ferientage oder Wochenenden haben niemals auch nur ansatzweise vor 12:00 Uhr mittags begonnen.

Besonders bemerkenswert an dieser Statistik erscheint der Umstand, dass wir dafür, dass wir derart viel Zeit im Bett verbringen, dem Thema viel zu wenig Aufmerksamkeit widmen. Und ich meine jetzt nicht, sich den nächsten Schlaftracker oder irgendeine andere Optimierungs-App aufs Handy zu laden. Ich bin kein Digital-Zombie. Ich muss morgens nicht auf mein Phone sehen, um zu überprüfen, ob ich gut geschlafen habe. Ich merke das auch so.

Aber während wir uns zahllose Gedanken um die Optimierung unserer Arbeitszeit machen, obwohl diese weniger als die Hälfte unserer Schlafenszeit beträgt, beschäftigt sich kaum jemand mit Schlafoptimierung. Wir liegen auf ausgeleierten Matratzen in knarrenden Betten und wundern uns, wo die Energie für den darauf folgenden Tag bleibt.

Bedenken Sie mal, wie viel Zeit, Geld und Aufmerksamkeit wir alle paar Jahre dem Autokauf widmen und wie viel dem erholsamen Schlaf? Dabei werden Sie unter Garantie mindestens viermal so viel Zeit im Bett wie im Auto verbringen. Zugegeben, Matratzen kann man bislang weder leasen noch steuerlich absetzen (in den meisten Berufen jedenfalls nicht).

Ob nun das Tracken des Schlafes und der entsprechenden Tiefschlafphase das Mittel der Wahl ist, um seine Schlafqualität zu verbessern, sei mal dahingestellt.

Tatsache ist jedoch, dass es wohl kaum eine bessere Investition gibt, um seine Energie zu maximieren. Denn die Schlafoptimierung endet keineswegs beim Kauf hochwertiger Lattenroste und Matratzen. Steht das Bett richtig oder könnte allein ein entsprechendes Verstellen für besseren Schlaf sorgen? Nutzt man diverse Hilfen, um sanft einzuschlafen und wieder aufzuwachen? Hierbei meine ich keinesfalls Schlaftabletten, sondern vielmehr zum Beispiel das sanfte Erwachen mit Dämmerlicht und Meeresrauschen. Falls kein echtes Meer zur Verfügung steht, gibt es diverse Radiowecker, die den schrillen Weck-Ton durch diverse Naturgeräusche ersetzen. An meckernde Ziegen muss man sich jedoch längere Zeit gewöhnen.

Ich weiß nicht, ob Handystrahlen tatsächlich Schäden verursachen, aber ich habe mir dennoch angewöhnt, Smartphones aus dem Schlafzimmer zu verbannen. Nehmen Sie sie wenigstens vom Nachttisch. Ebenso wie alle anderen elektrischen Geräte (Radiowecker etc.). Wenn Sie Kinder haben, sollten Sie darauf noch stärker achten, solange es über die Langzeitfolgen noch keine verlässlichen Daten gibt. Wenn Sie keine Kinder haben, liegt das vielleicht daran, dass Sie Ihrem Smartphone im Bett zu viel Aufmerksamkeit widmen.

### Tipps für erholsamen Schlaf:

1. Versuchen Sie, Ihr Schlafzimmer entsprechend abzudunkeln.
2. Essen und trinken Sie zwei Stunden vor dem Schlafengehen nichts mehr.
3. Verzichten Sie in der letzten Stunde vor dem Schlafengehen auf jedwede technische Berieselung, ob durch Ihren Fernseher oder das Smartphone.
4. Schaffen Sie sich stattdessen ein Abend-Ritual.
5. Ermitteln Sie Ihre optimale Schlafdauer und gehen Sie rechtzeitig ins Bett.

## Stehen Sie früher auf

Wenn Sie diese Tipps umsetzen, wird es ein Leichtes sein, in Zukunft auch früher als bisher voller Tatendrang aus dem Bett zu springen. Bevor Sie jetzt die Augen verdrehen: Es geht nicht darum, dass Sie morgens um 5 Uhr taufrisch aus dem Bett springen. Solche Uhrzeiten sind nicht jedermanns Sache und müssen auch gar nicht sein. Sie werden zu Beginn überrascht sein, dass es in manchen Monaten noch dunkel ist, lange, bevor sie früher die Augen geöffnet haben. Wenn Sie bisher um 7:00 Uhr aufstehen, versuchen Sie es doch einfach mal mit 6:30 Uhr. Eine halbe Stunde klingt vielleicht nicht viel, für Lesen, Schreiben, Meditieren oder Frühsport reicht die so gewonnene Zeit jedoch allemal. Wichtig ist nur, dass Sie diese Zeit ausschließlich für Dinge nutzen, die wesentlich für Sie sind. Erlaubt ist alles, was Ihnen hilft, sich positiv auf den Tag einzustimmen. Vor allem sind Sie während dieser Zeit noch völlig ungestört und können so vor 8 Uhr mehr erledigen als die meisten Menschen an einem ganzen Tag.

Stellen Sie sich den Wecker 30 Minuten früher und halten Sie es 30 Tage durch. So lange dauert es erfahrungsgemäß im Durchschnitt, bis Sie sich an den neuen Rhythmus gewöhnt haben. Nach vier Wochen sollte es Ihnen gelingen, bereits ohne Wecker aufzustehen. Und Sie wollen diese geschenkte Zeit nicht mehr missen.

Einzige Voraussetzung ist: Sie sollten bei Ihrer Aufwachzeit nicht unterscheiden, ob es sich nun um einen Wochentag oder das Wochenende handelt, damit Ihr Körper die realistische Chance hat, sich daran zu gewöhnen.

## Entwickeln Sie ein förderliches Morgenritual

Die Frage ist, was Sie in den frühen Morgenstunden, lange bevor der Rest der Welt erwacht ist, Sinnvolles tun können? Hier sind Ihrer Fantasie keine Grenzen gesetzt. Ob Sie nun in einem guten Buch (wie diesem) lesen oder selbst eines schreiben. Ob Sie die Zeit für Meditation oder Sport nutzen. Vielleicht starten Sie mit Yoga? Tun Sie einfach etwas, wozu Ihnen für den Rest des Tages kaum noch Zeit bleibt, und freuen Sie sich über die wohl ungestörteste Zeit des Tages, lange, bevor Ihnen irgendwelche Menschen irgendwelche Nachrichten schicken.

Definitiv verschwenden Sie Ihre Zeit, wenn Sie morgens als Erstes nach dem Smartphone greifen, um sich über den Status der vorangegangenen Nacht in Ihrem virtuellen Freundeskreis zu erkundigen oder Katzenvideos zu betrachten.

Versuchen Sie, die ersten 90 Minuten des Tages, die Sie durch früheres Aufstehen gewinnen, weitestgehend technikfrei zu verbringen. Also Apps für den Tagesstart ebenso zu verbannen wie den Rechner und das Internet. Meditationsmusik muss vielleicht auch nicht gestreamt werden, sondern kann ebenso gut aus einem Radiosender stammen oder (die Älteren werden sich erinnern) von einer CD.

Vollbringen Sie dieses tägliche Morgenritual ungestört, bevor Ihr Umfeld erwacht.

### Was Sie sofort tun können:

- Verbannen Sie Ihr Smartphone vom Nachttisch und schalten Sie den Flugmodus ein.

### Was Sie ab morgen garantiert anders machen:

- Stehen Sie über 30 Tage hinweg täglich 30 Minuten früher auf (auch an Wochenenden).
- Entwickeln Sie eine identische Morgenroutine, auf die Sie sich freuen.

21

# Schnäppchenjagd

***»Wenn ich müde vom Shoppen bin, setze ich mich hin und probiere ein paar Schuhe an.«***

Aschenputtel ist der Beweis dafür, dass ein paar neue Schuhe Ihr Leben verändern können.

---

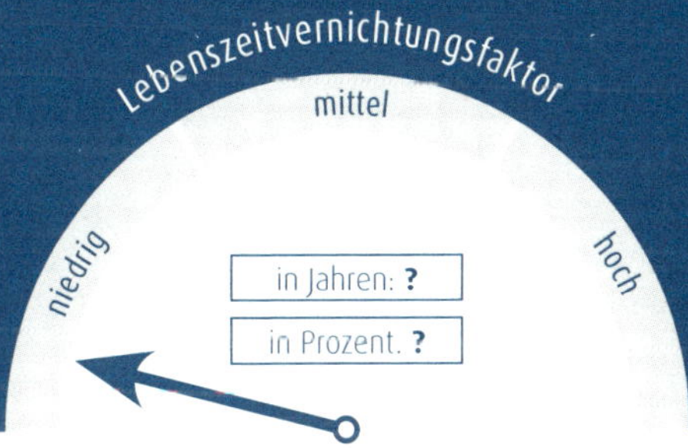


**Sind Sie betroffen?**

- ☐ Sie gehen prinzipiell nur an Kleiderständer mit roten großen Buchstaben bzw. Satz- oder Sonderzeichen.
- ☐ Das Wort Prozente löst in Ihnen Glücksgefühle aus.
- ☐ Die Preisvergleichswebsite ist unter Ihren Favoriten gespeichert.

Wenn Sie zweimal zustimmen, sollten Sie weiterlesen.

Der luxuriöse, weil höchst seltene Umstand, dass bis zum Boarding für den Rückflug nach Stuttgart noch etwas Zeit war, ließ mich durch den »dutyfree«-Shop des Flughafens in Palma de Mallorca schlendern. Die dort offerierten Angebote an Spirituosen und Parfüm (mit jeweils ähnlichem Alkoholgehalt) weckten meine Neugier. Nachdem der praktische Einkaufskorb schon ansehnlich gefüllt war, sprach mich eine umherpirschende Promotion-Dame auf Englisch an, ob ich eine Minute Zeit hätte, mich für eine App zu registrieren, mit der ich auf meinen Einkauf unmittelbar fünf Prozent sparen könne. Eine kurze Hochrechnung meines gesammelten Warenkorbs ließ mir dies als durchaus attraktives Angebot erscheinen.

Ob meiner schier unglaublichen Effizienz fragte ich dennoch zunächst noch einmal nach, ob es sich tatsächlich um nur eine Minute handeln würde. Maximal zwei, war die Antwort und ich frage mich im Nachhinein, welche andere Antwort ich von einer Promotion-Dame allen Ernstes erwartet hatte. Da meine Gier nach einem Nachlass jedoch jedweden kritischen Realitätssinn längst ausgeblendet hatte, willigte ich ein und hielt mich dabei noch für besonders clever, indem ich der Mitarbeiterin gleich mein Handy in die Hand drückte, um die hierzu erforderliche App selbst zu suchen und zu installieren.

Nachdem ihr dies nach etwa zwei Minuten auch erfolgreich gelungen war, wurde ich nur noch kurz genötigt, meine E-Mail-Adresse anzugeben, was ich ebenfalls bereitwillig tat, und etwa 60 Sekunden später diese E-Mail dann auch in meinem Posteingang zu bestätigen, was uns zu der Erkenntnis führte, dass die angegebene E-Mail-Adresse leider nicht auf meinem Smartphone abrufbar war. Also noch einmal durch den beschriebenen Registrierungsvorgang. Diesmal mit meiner geschäftlichen Mail-Adresse, die sich auch auf dem Smartphone abrufen lässt. Zack! Nach nur sechs Minuten war der ganze Zauber vorbei und ich marschierte Richtung Kasse. Dort folgte dann die ernüchternde Erkenntnis, dass auf meinen Einkauf von etwa 150 € nur ein Rabatt von 3,61 € in Abzug gebracht wurde, was auch bei bescheidenen mathematischen Fähigkeiten keinesfalls fünf Prozent entsprechen dürfte. Daraufhin verbrachte ich weitere drei Minuten zunächst mit der Kassiererin und im späteren

Verlauf auch mit ihrer Vorgesetzten diskutierend, an deren Ende sich herausstellte, dass bereits reduzierte Angebote natürlich von der Offerte ausgenommen waren.

Ich stellte ernüchtert fest, dass

a) ich meine verifizierten Kontaktdaten für 3,61 € verkauft hatte, was aus Sicht des Dutyfree-Shop-Betreibers durchaus ein legitimer Preis für Kundendaten ist,
b) ich umgekehrt meiner eigenen Zeit einen Wert von 3,61 € in zehn Minuten beigemessen hatte, was leider in Sachen verpasste Lebensqualität nicht wirklich zielführend war, und
c) die Angabe »nur eine Minute« immer (!) – und ausnahmslos immer – eine Angabe ist, die uns misstrauisch machen sollte.

Im Flieger dann hatte ich nach diesen Erkenntnissen sogleich weitere Geistesblitze, inwieweit unsere Gier nach Schnäppchen uns zu gänzlich ineffizienter Zeitverwendung veranlasst: Man denke nur an die jahrelange Suche nach Tankstellen, die die von mir irgendwann leichtsinnig beantragte Punktesammelkarte akzeptieren, die mich im Laufe der letzten fünf Jahre immerhin in den Genuss eines batteriebetrieben Salz- und Pfefferstreuers brachten, die mehr Batterien benötigen als zehn Küchenuhren zusammen. Aber die Umwege, die diese erkaufte Loyalität allein durch unsere Sammelleidenschaft ausgelöst hat, ist rückwirkend der reine Wahnsinn.

Auch sonst stöbern und surfen wir stundenlang durchs Netz und verbraten dabei nicht nur unser nicht vorhandenes Budget, sondern zudem noch wichtige Lebenszeit. Sicher klingt es verführerisch, per Shopping heute gar nicht mehr das Haus verlassen zu müssen, weil sich alle Einkäufe bequem online erledigen und vor die Türe liefern lassen. Doch die Praxis sieht meist anders aus: Und so verbringen wir einen Großteil der gewonnenen Zeit in Schlangen vor Postschaltern, um unerwünschte Retouren zurückzusenden, die uns erspart geblieben wären, wenn wir die Sachen gleich vor Ort im Geschäft anprobiert hätten.

Vorher waren natürlich ausgiebige Online-Preisvergleiche und das Besuchen diverser Portale erforderlich, um auch garantiert den vermeintlich günstigsten Preis zu erhalten. Aber diesen günstigsten Preis gibt es nicht. Also verbleiben wir fortwährend im Standby-Modus in ständiger Erwartung des nächsten Angebots, das das vorherige erneut unterbietet. Und prompt schickt uns Amazon die Nachricht, dass ein Artikel unseres Wunschzettels im Preis gefallen ist. Doch für diese Bestellung haben wir jetzt leider gar keine Zeit und so geht der 0,50-Euro-Preisvorteil an uns vorüber, weil wir gerade in der Endphase in drei Auktionen gleichzeitig der Höchstbietende sind und in wenigen Minuten ja auch die »Cyber-Monday-Woche« mit dem »Prime Day« und seinen ersten Schnäppchen beginnt.

Gerade im geschäftlichen Bereich nimmt die Jagd nach Preisvorteilen bisweilen schon nahezu absurde Ausmaße an. So gab es in meinem Büro schon Überlegungen, das vermeintliche günstigste Kopierpapier oder die Druckerpatronen irgendwo im Ausland zu bestellen, um ein paar Cent zu sparen, nur um dann festzustellen, dass uns die fehlende Rechnung eines ausländischen Anbieters einen Strich durch die steuerliche Abzugsfähigkeit gemacht und am Ende ein Vielfaches dessen gekostet hätte, als wenn wir das geringfügig teurere Papier hierzulande, vielleicht sogar bei einem lokalen Anbieter vor Ort, gekauft hätten.

Doch ganz offensichtlich liegt es in der Natur des Menschen, fortwährend auf der Suche nach Schnäppchen zu sein. Auch wenn wir für das billigste Produkt manchmal zweifach bezahlen müssen. Vielleicht ist da oder dort höhere Qualität den Preis auch einfach wert? In jedem Fall aber sollten wir auf der Suche nach dem vermeintlich günstigsten Preis die Zeit für unsere Suche mit einkalkulieren. Plötzlich wird uns bewusst, dass der Wunsch nach Ersparnis häufig eine Milchmädchenrechnung ist.

Der Vergleich von Onlineangeboten durch Preisvergleichsseiten und deren intensive Recherche setzt jedwede Vernunft außer Kraft, ob die eigene Zeit nicht anders eingesetzt weit mehr Ertrag bringen würde als der erzielte minimale Preisvorteil. Von dem Wert, den wir einer Sache beimessen, einmal ganz abgesehen.

Für einen Unternehmer ist es rein finanziell völlig irrational, ein neu erworbenes Fahrzeug wegen ein paar Hundert Euro Ersparnis in einem anderen Teil Deutschlands selbst abzuholen oder die gleiche Zeit auf der Zulassungsstelle zu verbringen, um das Geld für den Zulassungsservice zu sparen. Hier reden wir nur von messbaren, monetären Gründen. Wie viel ist Ihnen Ihre Lebensqualität wert?

### Was Sie sofort tun können:

- Vergessen Sie Kunden-, Punkte- und Sammelkarten jeder Art – Sie mindern Ihre Fähigkeit, Ihren Zeiteinsatz rational abzuwägen.

### Was Sie ab morgen garantiert anders machen:

- Alles, was Sie nicht online kaufen, müssen Sie auch nicht zurücksenden.
- Wägen Sie rational ab, ob der angebotene Vorteil die Weitergabe Ihrer Kontaktdaten rechtfertigt.

22

# Small Talk

***»Darf ich Ihnen das ‚Tschüss' anbieten?«***

»Bist Du öfter hier?« und weitere Verschwendung von Atemluft

---

**Sind Sie betroffen?**

☐ Sie nehmen Kommentare anderer zum Wetter wirklich als ernsthaften Anlass, sich darüber auszutauschen.

☐ Sie ertappen sich hin und wieder dabei, dass Sie mit sich selbst reden. Dann lachen Sie beide.

☐ Bereits nach dem »Hallo« gehen Ihnen die Themen aus, weshalb Sie Gespräche mit dem gleichen Inhalt verlängern, weil Ihnen nichts anderes einfällt.

Wenn Sie zweimal zustimmen, sollten Sie weiterlesen.

Ich hatte viele Jahre ein Lieblings-T-Shirt, das eine Aufschrift trug, die mir unsagbar viele Kontakte und Kommentare einbrachte. Auf Festen aller Art war sie ein willkommener Eisbrecher und hat ziemlich Spaß gemacht, bis ich eines Tages bemerkt habe, dass ich von Leuten darauf angesprochen wurde, die mir nichts bedeuteten und die zu amüsieren mir ebenfalls egal war. Als ich am Tisch sitzend von einer mir unbekannten Dame gegenüber gefragt wurde, was da stünde (was immer dazu geführt hat, dass ich den Bauch ein- und das T-Shirt glatt gezogen habe wie ein dressierter Hund), wo ich das T-Shirt gekauft habe und wann ich denn in Berlin gewesen sei, wurde mir schlagartig klar, dass das letzte Stündchen meines Lieblings-Shirts geschlagen hatte. Selbst eine bis dahin interessante Person hätte sich mit derart banalen und oberflächlichen Fragen ins Abseits gestellt. Ich habe einfach keine Zeit zu verschwenden. Sollen Singles für Speed Dates mit Motto-Shirts rumlaufen. Stattdessen beabsichtige ich, mir als Nächstes ein T-Shirt drucken zu lassen mit der Aufschrift: »Small Talk? Bitte nimm den nächsten.«

Small Talk ist wirklich völlig sinnlose Zeitverschwendung. Kann gut möglich sein, dass mit fortschreitendem Alter die ohnehin nur spärlich vorhandene Geduld weiter abnimmt. Aber meiner Meinung nach sollte wirklich niemand in irgendeinem Alter seine begrenzte Lebenszeit auf inhaltsloses Geplapper verwenden müssen.

Bei jedem gedankenlosen »Hey, wie geht's?« ist ohnehin von vornherein klar, dass die andere Person antworten wird: »Gut!« Das ist einfach die klassische Antwortfloskel, eine Art unverrückbarer Baustein. Als Nächstes sagen Sie etwas über das Wetter, vielleicht: »Furchtbar, dieses Regenwetter!«, daraufhin entgegnet Ihr Gegenüber: »Ja, so langsam reicht's. Aber am Wochenende sollen es wieder 21 Grad werden«, worauf Sie antworten: »Ach, wirklich?« Wahnsinnig spannend, als hätten Sie das nicht bereits in Ihrer eigenen Wetter-App gesehen.

Klar mag dies eine geeignete Gesprächseröffnung sein, aber glauben Sie mir, ein solch belangloses Gespräch ist so schnell vergessen wie das Wetter der Vorwoche. Schlimmer noch: Jemand antwortet ehrlich und nicht mit der klassischen Floskel? Haben Sie das wirklich gewollt? Fünf Minuten Einlassungen über den aktuellen Gesundheits- oder Gemütszustand. Ich nicht. Jedenfalls nicht von

Leuten, die mir nichts bedeuten. Und für alle anderen brauche ich ohnehin keinen Small Talk.

In meinen Augen ist es schlicht sinnlos, ein Gespräch mit einer Frage zu eröffnen, an deren Antwort ich nicht wirklich aufrichtig interessiert bin und diese zudem von vorneherein feststeht. Allen geht es immer gut. Wenn ich jemanden frage, wie es ihm geht, dann möchte ich, dass er nicht lügt, sondern mir ehrlich antwortet. Und wenn ich das nicht möchte, dann frage ich verdammt noch mal auch nicht. Mag sein, ich bin da etwas rigoros, aber wenn ich meine Zeit nicht verteidige, wer soll es dann tun?

## Stellen Sie die richtigen Fragen

Fragen stellen ist prinzipiell eine gute Sache. Weil ich mehr lernen kann, wenn ich zuhöre, als wenn ich spreche.

Alkohol ist hier nur bedingt hilfreich: Wenn der ein oder andere Drink die Zunge gelöst hat, mag es einem leichter fallen, tiefgründigere Gespräche anstelle des üblichen Geplänkels zu führen. Aber ehe man sich versieht, ist die Grenze überschritten und man driftet unversehens ins Fiasko, weil das Niveau des Gesprächs unter die Tischkante rutscht. Beliebter Klassiker in solchen Fällen: »Bist du das erste Mal hier?«

Beherzigen Sie vor der nächsten Gesprächseröffnung nachfolgende Punkte:

- Interessiert mich die Antwort meines Gesprächspartners tatsächlich?
- Erfahre ich durch eine Antwort etwas, was nicht bereits vorher klar ist?

Überlegen Sie sich anstelle der klassischen Small-Talk-Eröffnungen doch ein paar Fragen, deren Antwort Sie nicht nur tatsächlich interessiert, sondern mit denen Sie sich alleine, indem Sie sie stellen, im Gedächtnis Ihres Gesprächspartners fest verankern. Es muss ja nicht zwingend gleich die nach den sexuellen Vorlieben sein (wobei selbst dies je nach gesellschaftlichem Anlass vielleicht einen höchst vielversprechenden Einstieg darstellt). Es gibt so viele interessantere Fragen:

- Wo sehen Sie sich heute in fünf Jahren?
- Was war das beeindruckendste Buch, das Sie in den letzten drei Jahren gelesen haben? (Hier ist Ihre eigene Antwort ab sofort hoffentlich klar.)
- Wo wir gerade hier stehen: Welcher Persönlichkeit würden Sie gerne begegnen und was würden Sie dann als Erstes fragen?
- Einer meiner Favoriten: Was würden Sie mit einer Stunde geschenkter Zeit am liebsten anstellen? Je nach Sympathiegrad können Sie sich dann auch mit den Worten »Dann will ich Ihnen diese Freude gerne machen« direkt wieder umdrehen.

Übrigens: Wenn Ihnen diese Fragen nächstes Mal gestellt werden, können Sie mit ziemlicher Sicherheit davon ausgehen, dass Ihnen ein sehr aufgeschlossener, lebensbejahender und humorvoller Mensch gegenübersteht. Er hat das Buch höchstwahrscheinlich auch gelesen.

## Garantiert wirksamer Gesprächsausstieg

Sollten Sie bei nächster Gelegenheit jemandem gegenüberstehen oder -sitzen, der Sie ungewollt in ein Gespräch verwickeln möchte, antworten Sie auf die obligatorische Frage nach Ihrem Beruf doch einfach: »Ich sammle Spendengelder für eine Religionsgemeinschaft.« Das sollte genügen, um Ihnen Ruhe zu verschaffen.

Sofern Ihnen weniger der Gesprächspartner als das Thema völlig gegen den Strich geht, sagen Sie unmissverständlich und klar: »Stopp! Für dieses Gespräch stehe ich nicht zur Verfügung!«, und dann drehen Sie sich um und gehen Sie weg. Diese Variante finde ich derart genial, dass ich sie vor einiger Zeit auch beim Abendessen im Kreis der Familie weitergegeben habe. Ein verhängnisvoller Fehler, wie sich bald herausstellen sollte. Denn als das Gespräch einige Tage später auf eine eher unterdurchschnittliche Schulnote meines Sohnes kam, entgegnete dieser prompt, er stünde für dieses Gespräch nun wirklich nicht zur Verfügung.

## Das Gegenteil von Small Talk

Gespräche werden erst interessant, wenn sie tiefgründig sind, wenn Sie über Themen reden, die Sie tatsächlich beschäftigen und den anderen interessieren. Wenn Sie keine Zeit verschwenden wollen, probieren Sie es mal mit Deep Talk.

### Was Sie sofort tun können:

- Fragen Sie nicht einfach nur drauflos, um Stille zu vermeiden.

### Was Sie ab morgen garantiert anders machen:

- Überlegen Sie sich einige überraschende Frage- und Antwort-Alternativen für den Gesprächseinstieg.
- Sagen Sie Stopp und gehen Sie weg, wenn das Gespräch für Sie eine unerwünschte Richtung nimmt.

# 23

# Smartphone

***»Den verschwommenen Rand rings um das Smartphone-Display nennt man übrigens Leben.«***

Wenn Sie ohne Ladekabel nicht mehr
aus dem Haus gehen

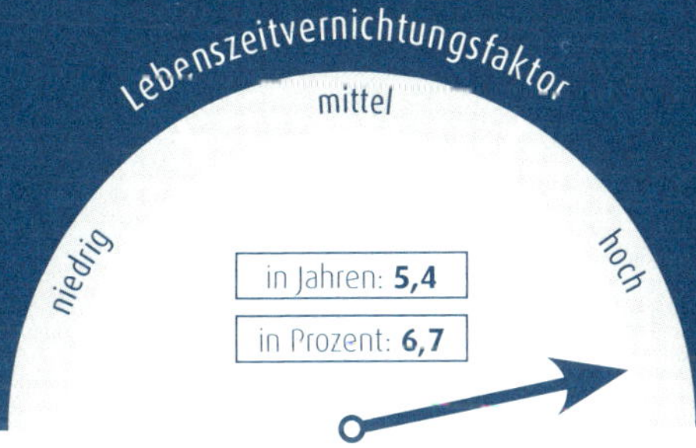


## Sind Sie betroffen?

- ☐ Es dauert nicht länger als 30 Sekunden, bis Sie merken, dass Sie Ihr Smartphone irgendwo vergessen haben.
- ☐ Sie können ohne hinzusehen nicht sagen, wo sich an Ihrem Gerät der Ausschalt-Knopf befindet.
- ☐ Sie spüren häufig ein Phantom-Vibrieren Ihres Handys.

Wenn Sie zweimal zustimmen, sollten Sie weiterlesen.

Erst 2007 kam das iPhone auf den Markt und machte damit das Smartphone massentauglich. Mehr noch als die Erfindung des Telefons oder des Personal Computers hat das Smartphone nicht nur definiert, wie wir kommunizieren, sondern gleich auch noch unsere Wahrnehmung grundlegend verändert. Jederzeit und überall vernetzt wird das smarte Telefon immer mehr zur Erweiterung unseres Selbst. Der mobile Alleskönner veränderte unser Leben seither auf vielfältige Art: Kommunikationsassistent, Wegweiser und Kartenleser, Bürogehilfe, Musikbox, Wecker, Nachrichtenagentur oder Spielgefährte: Das Smartphone gehört fest zu unserem Alltagsleben.

So weit, so gut. Aber die Kehrseite der Medaille ist unsere Unfähigkeit, ohne das mehr oder minder kleine Ding überhaupt noch lebensfähig zu sein – wenigstens annähernd.

Ständige Erreichbarkeit ist kein Erfolgsnachweis, das fortwährende Abrufen neuer Nachrichten kein Statussymbol und der regelmäßige Blick auf das Handy kein Meditationsmantra.

Früher empfand man es als störend und unangebracht, wenn Leute in der Öffentlichkeit, beispielsweise im Zug oder der Wartehalle des Flughafens, laut miteinander telefonierten. Dieses Problem ist Vergangenheit. Heute ist jeder intensiv mit seinem Smartphone beschäftigt. Dabei geht es vielen Menschen inzwischen gar nicht mehr um den Wunsch, erreichbar zu sein, sondern schlichtweg nur noch um die schlechte Angewohnheit, ständig zu überprüfen, ob es etwas Neues gibt.

Vor einigen Jahren kam eine Teilnehmerin nach einem Vortrag auf mich zu, um mir begeistert von einer App zu berichten, die die exzessive Nutzung des Smartphones reduzieren würde: Digital Detox. Damit ließe sich ein Zeitrahmen frei wählbar festlegen, zu welchen Zeiten das Telefon offline ist. Seinerzeit schmunzelte ich und merkte an, dass ich hierfür bereits eine Art festes Gadget in mein Telefon integriert hätte, eine Taste mit der Aufschrift »Power«. Ein Jahr später habe ich mir die App heruntergeladen.

Natürlich nicht für mich. Zunächst. Vielmehr wollte ich meinen zweifelsfrei handysüchtigen Junior inmitten der Pubertät zu einem bewussteren Umgang mit seinem Smartphone anregen. Ein überaus kläglicher Versuch. Ich glaube, er hat sie genau zweimal geöffnet. Das zweite Mal, um sie zu deinstallieren. Seither weiß ich, warum wir zwar im Durchschnitt 33 Apps auf unser Smartphone heruntergeladen haben, aber gerade mal eine Handvoll regelmäßig nutzen.

Das Besondere an der App: Sie ist kostenlos und kostet erst dann Geld, wenn Sie die selbstauferlegte Handysperre aufheben. Jedes Mal. Bei allem Streben nach Selbstbestimmung hätte ich nie für möglich gehalten, wie wirksam das ist:

Das Motto von Digital Detox: »Screen off. Life on.« No more words needed.

Der Grad Ihrer Freiheit wird durch die Dinge bestimmt, um die Sie sich nicht kümmern müssen. Gleiches gilt für Ihr Notebook und Ihren Tablet-PC. Bekämpfen Sie Ihre Sucht. Ob im Restaurant, der Besprechung oder beim Spaziergang. Schalten Sie das Handy aus.

## Mythos der ständigen Erreichbarkeit

Oft erwarten Menschen, die sieben Tage pro Woche und 24 Stunden täglich für jedermann erreichbar sind, dies auch von ihren Mitmenschen. Ich glaube, wer ständig erreichbar ist, kann keine Spitzenleistung erzielen. Und wenn Sie nicht die Bundeskanzlerin (oder der Bundeskanzler) sind, sollte Sie niemanden abends um 21 Uhr noch brauchen. Was wird Schlimmes passieren, wenn Sie hin und wieder nicht erreichbar sind? Die Antwort: nichts.

## Tragen Sie nicht rund um die Uhr Ihr Smartphone mit sich herum

Nehmen Sie sich pro Woche mindestens einen freien Tag von Ihren digitalen Sklaventreibern. Stellen Sie sie ab oder besser noch: Lassen Sie sie einfach im Auto zurück. Ich mache dies oft das gesamte Wochenende und empfehle Ihnen außerdem, das Telefon zu Hause zu lassen, wenn Sie zum Essen gehen. Was passiert, wenn Sie einen Anruf eine Stunde später oder erst am nächsten Morgen machen?

### Was Sie sofort tun können:

- Die erste und letzte Stunde des Tages das Smartphone nicht in die Hand nehmen und in dieser Zeit ausschalten.

### Was Sie ab morgen garantiert anders machen:

- Verzichten Sie einen Tag pro Woche vollständig auf Ihr Smartphone.
- Drucken Sie keine Handynummer auf Ihre geschäftlichen Visitenkarten.

24

# Social Media

***»Vor Social Media verlor man Leute noch aus den Augen und sah sie nie wieder. Das war schön.«***

Soziales Netzwerk hieß früher: Draußen.

---

## Sind Sie betroffen?

☐ Sie stalken mit Vorliebe die Facebook-Profile Ihrer neuen Bekanntschaften.

☐ Sie sehen auch Ihre besten Freunde häufiger online als im echten Leben.

☐ Sie schauen immer und überall, welche Neuigkeiten es in Ihrer Timeline gibt.

Wenn Sie zweimal zustimmen, sollten Sie weiterlesen.

Zugegeben: Ohne Facebook und Co. scheint es, nach dem Motto »Wer nicht drin ist, ist out«, heute kaum noch zu gehen. Trotzdem sollten Sie Ihre gesellschaftliche Stellung nicht an der Menge Ihrer XING-Kontakte messen.

Laut diverser Erhebungen sind 76 Prozent aller Internet-User in einem sozialen Netzwerk vertreten. In der Altersgruppe der 14- bis 29-Jährigen sind es sogar 96 Prozent. Tendenz steigend.

## Social Media macht krank

Man möchte immer erreichbar sein, nichts verpassen – und kann irgendwann gar nicht mehr abschalten. Viele Menschen sind ständig online, beruflich wie privat. Doch wer nach dem Aufstehen erst mal Facebook checkt, während der Arbeit diverse Tweets postet und den Tag mit einem Chat beendet, der hat ein Problem. Experten befürchten ernste Erschöpfungszustände bei Menschen, die es nicht mehr schaffen, gleichzeitig den verschiedenen Identitäten in Social Networks und den Anforderungen des realen Lebens gerecht zu werden. Psychologen haben daher als neues Krankheitsbild den »Social-Media-Burn-out« ausgemacht. Er umfasst einen körperlichen, seelischen und geistigen Erschöpfungszustand, ausgelöst durch permanente Aktivitäten in sozialen Netzwerken.

Immer mehr Menschen sind internetsüchtig: Bereits mehr als die Hälfte der Menschen kommuniziert öfter online miteinander als im wirklichen Leben. Die Universitäten von Maryland und Chicago haben die gravierenden Folgen in entsprechenden Studien nachgewiesen: Social Media ist zur Sucht geworden. Danach ist das Verlangen nach Social Networks größer als das nach Nikotin oder Alkohol. Nur das Bedürfnis nach Schlaf und Sex war nach Angaben der Forscher – glücklicherweise – noch größer. Der Verzicht auf das Rauschmittel Internet wirkt sich auch körperlich aus: Die Betroffenen fangen an zu schwitzen, sie zittern, wirken verzweifelt und ängstlich, sind unruhig und extrem nervös, so wie es Drogen- und Alkoholsüchtige bei Entzug ihrer Rauschmittel sind. Die Süchtigen vernachlässigen darüber hinaus ihre beruflichen und privaten Verpflichtungen und ihre realen sozialen Kontakte, weil sie die Zeit, die sie online verbringen, nicht mehr kontrollieren können. Sie sind gezwungen, ständig zu twittern oder Facebook zu checken.

Social-Media-Junkies verlieren im Lauf der Zeit die Fähigkeit, sich auf das Wesentliche fokussieren zu können. Man kämpft – always online und simultan, auf verschiedenen Kanälen – mit einer modernen Form von ADS (Aufmerksamkeits-Defizits-Syndrom). Kindern werden in solchen Fällen gerne Psychopharmaka verordnet, Erwachsene bezahlen dafür »nur« mit sinkender Konzentrationsfähigkeit. Der Prozess vollzieht sich dabei schleichend und bleibt somit meist lange unbemerkt. Hier mal eben bei Facebook die Mails der virtuellen Freunde gelesen, da mal kurz in XING nach ein paar Kontakten gestöbert, dann nur schnell bei YouTube nach einem Video gesucht und dabei noch eben über zwei besonders gut gemachte Clips gestolpert, die man rasch an Freunde versendet. Das alles natürlich unter dem Deckmantel der Entspannung. Social Media als Ersatz für den Gang zur Kaffeeküche. Nur weit zeitraubender. Aus dem einen und anderen Viertelstündchen summieren sich im Laufe der Woche leicht mehrere Stunden.

Social Media birgt nicht nur ein hohes Suchtpotenzial, es bringt auch kaum nennenswerte oder gar messbare Vorteile. Abgesehen vielleicht von der Befriedigung des Voyeurismus, wenn man die belanglosen Statusmeldungen anderer Leute liest oder der Illusion von Bedeutung, wenn die eigenen Postings mit »Gefällt mir« versehen werden.

## Gefangen in der »Gefällt mir«-Falle

Im Endeffekt gibt es einen vorrangigen Grund für Social Media: ein übersteigertes Geltungs- und Anerkennungsbedürfnis. Das ist auch der Grund, warum es an Tiefgründigkeit oder Substanz fehlt. Wenn Inhalte von Storys es nicht einmal wert sind, mehr als 24 Stunden online zu verweilen, warum sollten andere sie dann betrachten? Wir haben das Bedürfnis, uns mitzuteilen und unsere Meinung kundzutun, und hoffen dabei zugleich auf möglichst viel Zuspruch durch Daumen nach oben oder möglichst viele Herzen. Auch ich kann mich dieses Vorwurfs nicht erwehren. Jedenfalls dient ein »Gefällt mir« als Krücke für ein offensichtlich angekratztes Ego, das wir auf diesem Weg versuchen, aufzuwerten. Dabei kann Selbstwertgefühl generell niemals von außen verbessert werden.

Auch auf die Gefahr hin, dass ich mich damit unbeliebt mache: Der Großteil der Zeit, die wir mit Social Media verbringen, ist reine Zeitverschwendung. Nach mehreren Jahren intensivster Recherche durch exzessive Nutzung habe ich ein ernüchterndes Resümee gezogen. Wir sollten uns klarmachen: Unsere Lebensqualität wird weder durch die Anzahl unserer Facebook-Freunde noch unserer Instagram-Follower oder XING-Eventeinladungen bestimmt. Niemand wird sich am Ende seines Lebens wünschen: »Hätte ich nur mehr Zeit auf Facebook verbracht!« Wahrscheinlich nicht mal Marc Zuckerberg. Solange Sie kein Filmstar sind, ist das Posten irrelevanter Statusmeldungen kein Gradmesser für gesellschaftliche Bedeutung, ist die Pflege virtueller Freundschaften keine Ausrede für die Vernachlässigung realer Beziehungen und steht die Häufigkeit der Klicks auf »Gefällt mir« nicht in unmittelbarer Relation zum Empfinden echter Lebensfreude.

## Sind Sie ein Social-Media-Junkie?

Legen Sie Facebook & Co. an die Leine. Wenn Sie permanent Nachrichten verschicken, Fotos und Filme anschauen oder Kommentare zu irgendwelchen Statusmeldungen abliefern, fehlt Ihnen diese Zeit zwangsläufig für Wesentliches. Begreifen Sie es als Freizeitaktivität. Und setzen Sie hierfür Ihre kostbare Zeit auch nur sehr dezidiert ein. Wenn Sie die Stunden vor dem Computer oder Smartphone als Alternative zu der Zeit betrachten, die Sie sonst vielleicht vor dem Fernseher verbracht hätten, können 30 Minuten, die Sie sich durch Statusmeldungen geklickt haben, durchaus in Ordnung sein. Sie sollten sich dabei nur bewusst machen, dass diese Zeit nie und nimmer als erfüllt gewertet werden kann. Denn mit jeder Stunde, die Sie online durch die bunte Social-Media-Welt surfen, verpassen Sie 60 Minuten, um zu leben.

Eine mindestens ebenso große Zeitverschwendung ist XING. Darin befinden sich in erster Linie Nutzer, die den ganzen Tag nichts anderes zu tun haben, als ihren Status zu aktualisieren, Beiträge in Foren zu verfassen und Mails zu schreiben. Tun Sie das nicht! Beantworten Sie eingehende Mails auf XING nur während einer festen und sehr begrenzten Zeitspanne. Zum Beispiel einmal am

Tag 15 Minuten vor der Mittagspause. In dieser Zeit bearbeiten Sie alle Anliegen auf einmal.

Übrigens: Bleiben Sie mit dem Autor in Kontakt. Sie finden ihn unter dem Begriff »Effizientertainer« auf Facebook, Instagram, XING, Twitter und sogar Google+.

### Was Sie sofort tun können:

- Schalten Sie die automatische Benachrichtigung der Social-Media-Apps auf Ihrem Smartphone aus.

### Was Sie ab morgen garantiert anders machen:

- Limitieren Sie die Zeit, die Sie täglich in sozialen Netzwerken surfen.
- Posten Sie nur noch etwas, wenn es einen echten Mehrwert besitzt.

## 25

# Suchen

***»Nichts ist je verloren. Außer Mutti weiß auch nicht, wo es ist. Dann ist es für immer weg.«***

Wie jeden Tag Ostern: Irgendwas suchen wir immer.

---

**Sind Sie betroffen?**

- ☐ Sie kriegen täglich einen Wutanfall bei der Suche nach wichtigen Dokumenten.
- ☐ Sie fassen regelmäßig den Vorsatz, endlich grundlegende Ordnung in Ihr Chaos zu bringen.
- ☐ Ohne die Suchfunktion auf Ihrem PC wären Sie beim Wiederfinden von Dateien gänzlich aufgeschmissen.

Wenn Sie zweimal zustimmen, sollten Sie weiterlesen.

»Wer aufräumt, ist nur zu faul zum Suchen«, lautet die Rechtfertigung zahlreicher Bürochaoten. Sie wären alle reich, würden sie am Suchen verdienen. Tatsächlich aber bezahlen sie für ihren vermeintlichen »Fleiß« – mit Zeit, die für tatsächlich gewinnbringende Tätigkeiten fehlt.

Stundenlange Suchen beschränkt sich längst nicht mehr nur auf Autoschlüssel oder Ähnliches, sondern findet vorrangig auch vor unseren Notebooks, Tablets und Smartphones statt. Dabei geht es nicht um Online-Recherche, die dank Google auch einen enormen Zeitgewinn darstellen kann, sondern um das unnötig lange Suchen nach bereits vorhandenen Informationen auf unserer Hardware.

Hierbei völlig unberücksichtigt ist das Suchen in Handtaschen. Nicht bestätigte Zahlen sprechen hier von bis zu zwei Jahren. Zweifelsohne aber muss dies auch einer der Hauptgründe dafür sein, dass Frauen älter werden als Männer.

Wer von uns kennt nicht zumindest diesen einen, stetig anwachsenden und in bedenklicher Höhe befindlichen Stapel auf seinem Schreibtisch, über dem ein imaginäres Schild prangen könnte, auf dem in großen Lettern weithin sichtbar steht: »Wenn ich mal mehr Zeit habe …«

Sehen Sie sich ruhig mal an Ihrem eigenen Arbeitsplatz um. Wenn Ihr Schreibtisch nur drei- bis vierlagig belegt ist, finden Sie womöglich noch relativ schnell, was Sie suchen. Aber stellen Sie sich vor, der Besitzer eines solchen Schreibtischs hätte eine wichtige Arbeit für Sie übernommen. Wie fühlt sich diese Vorstellung an?

Wer am seinem Arbeitsplatz Kunden empfängt, sollte einen chaotischen Anblick natürlich tunlichst vermeiden. Wer möchte schon jemandem beauftragen, der noch nicht einmal seine Unterlagen im Griff hat? Im besten Fall könnte der Kunde darauf hoffen, dass versäumt wird, die Rechnung zu stellen oder eine Mahnung zu schreiben. Aber auch wenn der Kunde das Chaos nie zu sehen bekommt – es hinterlässt einen besseren Eindruck, Anfragen am Telefon umgehend zu beantworten, statt antworten zu müssen: »Ich muss die Unterlagen raussuchen und rufe Sie dann zurück.«

In Nordrhein-Westfalen wurden zum Zweck der Werkstattorganisation von Tischlern mithilfe eines Schrittzählers die Suchzeiten gemessen. Das Ergebnis war erstaunlich: In einigen Betrieben wurden pro Tag bis zu zehn Kilometer zurückgelegt. In den meisten Büros werden solche Strecken wahrscheinlich nicht zurückgelegt. Aber auch wenn man in einem schlecht organisierten Büro weniger laufen muss – in zahlreichen Papierstapeln nach Unterlagen zu suchen, kostet ähnlich viel Zeit – Zeit, die sich weit erfreulicher verbringen ließe.

Statistiken besagen, dass wir bis zu 19 Prozent unserer Arbeitszeit mit Suchen verbringen. Wenn Sie diese Zahl einmal hochrechnen, dann ist es einer der signifikantesten Punkte, die eigene Produktivität zu verbessern, eine entsprechende Ordnung einzuführen und einzuhalten:

Wir können folgende Grundregel für alle Fälle festhalten: jedem Ding seinen Platz. Das gilt für digitale Ordnung natürlich umso mehr, hier weiß ich aus eigener Erfahrung, wie aufwendig es sein kann, eine sinnvolle Ordnerstruktur einmal festzulegen. Diese macht auch nur dann Sinn, wenn sie im Nachgang von allen eingehalten wird.

## Räumen Sie Ihren Schreibtisch auf

Räumen Sie jeden Abend Ihren Schreibtisch auf das sind meist nur wenige Minuten pro Tag, erspart Ihnen aber viel Suchzeit während des nächsten Arbeitstags. Sorgen Sie dafür, dass er zu Beginn des darauf folgenden Tages zu einer Startrampe für maximale Produktivität wird. Räumen Sie mit System ein und auf. Ein gutes Ablagesystem wirkt Wunder gegen »das Verlegen von Sachen«. Räumen Sie alles an seinen Platz (legen Sie diesen falls erforderlich fest) und sorgen Sie dafür, dass sich nur eine einzige Aufgabe auf Ihrem Schreibtisch befindet. Auf diese Weise vermeiden Sie, dass Ihr Schreibtisch zur Ablagefläche verkommt.

## Was Sie sofort tun können:

- Alle im Laufe des Tages anfallenden Arbeiten landen in einem Eingangskorb.

## Was Sie ab morgen garantiert anders machen:

- Sorgen Sie dafür, dass der Schreibtisch einschließlich des Eingangskorbs am Ende Ihres Arbeitstags grundsätzlich wieder leer ist.
- Richten Sie einen festen Platz für die Dinge ein, die Sie täglich benötigen (Smartphone, Autoschlüssel, Brille ...) und legen Sie die Gegenstände dort jedes Mal grundsätzlich sofort ab.

26

# Surfen

***»Papa, was war eigentlich Deine Lieblingswebsite, als Du so alt warst wie ich?«***

Debiles Dahinvegetieren durch sinnloses Surfen im Internet

---

## Sind Sie betroffen?

- ☐ 24 Stunden ohne Internetzugang verursachen bei Ihnen eine Panikattacke.
- ☐ Sie sitzen mit dem Rechner auf dem Schoß vor dem laufenden Fernseher.
- ☐ Die Anzahl der parallel offenen Tabs übersteigt die Finger Ihrer Hände.

Wenn Sie zweimal zustimmen, sollten Sie weiterlesen.

Noch vor einigen Jahren – mein Sohn war gerade 13 – sah ich ihm interessiert über die Schulter, als er zu Hause am Rechner saß, und er fragte mich tatsächlich: »Papa, was war eigentlich deine Lieblingswebsite, als du so alt warst wie ich?« Offensichtlich wertete er meine grauen Schläfen nicht als Kennzeichen meines Alters.

Inzwischen befinden wir uns in einem Zeitalter, in dem man nicht mehr mit einem »Grüß Gott« oder »Guten Tag« den Raum betritt, sondern die ersten beiden Wörter lauten: »Gibt's Netz?«

Klar, sind doch die Möglichkeiten, die uns das Internet bietet, so vielfältig wie unüberschaubar: shoppen, surfen, recherchieren, spielen, chatten, mailen, bloggen, Statusmeldungen bei Facebook posten und lesen, neue Tweets durchforsten und Kontaktanfragen bei XING beantworten – für viele gehört das inzwischen genauso zum Alltag wie das Frühstück oder der Einkauf.

Kürzlich erklärte mir meine PR-Agentur, wann die Anzahl der Webseitenaufrufe für einen Redner am höchsten ist: Nicht etwa nach (!) einem guten, sondern während (!) eines schlechten Vortrags.

## Die Tücken des World Wide Web

Diese Entwicklung wäre selbst dann nicht aufzuhalten, wenn das World Wide Web für uns alle Neuland wäre. Mittlerweile sind wir quasi rund um die Uhr online. Die Aktivitäten im Internet erobern einen immer größeren Raum unserer Freizeit.

## Ab wann wird das zum ernsthaften Problem?

Ich habe nichts gegen das Internet (und wenn, was würde das nutzen?), aber wir sollten unsere Netzgewohnheiten häufiger hinterfragen, um uns nicht zu schnell abhängig vom Netz zu machen.

Würden wir eine Woche lang allein in einer abgeschiedenen Berghütte durchhalten, ohne Internet und Handyempfang? Was der eine als erholsam und angenehm empfindet, sorgt bei anderen für Entzugserscheinungen – schließlich fühlt man sich schnell aus dem täglichen Nachrichtenstrom ausgegrenzt.

Mancher schafft es nicht mehr, seine Online-Zeit zu begrenzen und nur noch gezielt online zu arbeiten. Daraus ergeben sich Probleme, etwa mit der Familie oder mit Partnern, die sich vernachlässigt fühlen. Nicht umsonst sind die Worte »Internet«, »Facebook« und »Handy« in jeder vierten Scheidungsklage in den USA enthalten.

Letztendlich müssen wir nach wie vor in beiden Welten bestehen: der digitalen und der realen. Verbringen wir zu viel Zeit in der digitalen Welt, fehlen uns diese Stunden für die Beschäftigung mit der realen Welt – für die Familie, für Freunde, für sich selbst. Denn der Tag hat immer nur 24 Stunden, egal, wie viel wir arbeiten oder wie viel Spaß wir im Internet haben.

Deshalb fragen Sie sich bitte jetzt: Wie viel Ihrer kostbaren Zeit wollen Sie wirklich für belangloses Surfen im Netz verschwenden? Wenn Ihnen bewusst wird, womit Sie Ihre kostbare Zeit in Zukunft nicht mehr verschwenden wollen, ist schon viel erreicht.

Nutzen Sie Ihre Zeit online bewusster. Machen Sie sich frei vom künstlichen Internetzwang. Sie bestimmen, wann Sie ins Netz gehen. Zeigen Sie der virtuellen Welt, dass Sie nicht von ihr abhängig sind. Das Internet ist für Sie da und nicht Sie für das Internet.

Einfach mal Zeit für sich nehmen. Ohne digitale Geräte und ohne den Druck, online sein zu müssen. Genießen Sie die reale Welt: mit realen Freunden. Mit realen Erlebnissen. Mit realem Glück.

Schalten Sie Ihren Internet-Zugang und Ihre Telefone während Ihrer ersten Stunde im Büro ab. Arbeiten Sie während dieser störungsfreien Zeit ausschließlich an Ihrem wichtigsten Ziel.

Verzichten Sie einen Arbeitstag pro Monat ganz auf das Internet. Ein sogenannter Offline-Day. Versuchen Sie es und verbringen Sie einen Tag komplett offline. Keine Mails, kein XING, kein Facebook, kein Instagram, kein Twitter, kein Skype – nix!

### Was Sie sofort tun können:

- Stellen Sie sich vor jedem Öffnen des Browsers die Frage nach dem Ziel.

### Was Sie ab morgen garantiert anders machen:

- Starten Sie den Arbeitstag offline und surfen Sie in Blöcken.
- Nehmen Sie sich immer wieder bewusst eine digitale Auszeit.

27

# Technik (veraltete)

***»Die Sache mit Hightech ist die: Am Ende benutzt man immer die Schere.«***

Mediationsübung Software-Update

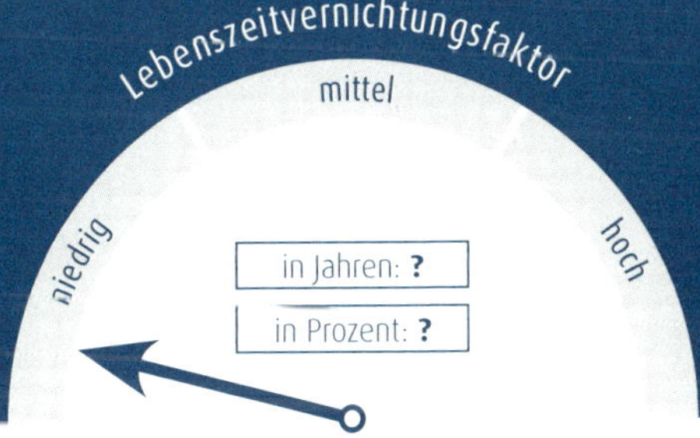


## Sind Sie betroffen?

- ☐ Bevor Sie morgens anfangen können zu arbeiten, müssen Sie ein Dutzend Fenster wegklicken, die Sie an ein Update Ihrer Software erinnern.
- ☐ Sie besitzen eine ganze Kiste voller überflüssiger Kabel vorangegangener Elektrogerätegenerationen, die Sie nach wie vor aufheben, falls Sie diese jemals wieder benötigen sollten.
- ☐ In der Zeit, in der Ihr Rechner hochfährt, können Sie sich bequem einen Kaffee kochen.

Wenn Sie zweimal zustimmen, sollten Sie weiterlesen.

Sitze am Rechner und starre desillusioniert auf den Fortschrittsbalken

Seit ich mich nicht mehr dem → Multitasking hingeben will, betrachte ich es als Meditationsübung. Eine sehr, sehr lange Meditationsübung. Und irgendwie unfreiwillig.

Wie schön doch das Leben vor der digitalen Revolution gewesen sein muss! Anstatt sich jeden Tag darüber zu ärgern, warum der PC so langsam ist, konnten die Menschen die Zeit für etwas Produktives verwenden. Die Deutschen verbringen durchschnittlich 156 Stunden pro Jahr wartend vor dem Computer – immerhin mehr als sechs Tage. Das Laden von Anwendungen nimmt dabei mit 75 Stunden die meiste Zeit in Anspruch.

Wer hat sich nicht schon mal über veraltete Technik geärgert, die sie nötigt, mehr Zeit als nötig aufzuwenden? Deshalb sorgt das Warten vor den Bildschirmen regelmäßig für Wutanfälle, um sich notdürftig abzureagieren. Aber ob es nun das stundenlange Ausharren vor dem Windows-Rechner beim schier wöchentlichen Aktualisieren ist oder wir den lieben langen Tag damit beschäftigt sind, unsere Apps und Anwendungen zu synchronisieren, herunterzuladen, zu suchen oder zu deinstallieren: Vielfach kostet uns Technik, die ursprünglich suggerieren sollte, welche immense Zeitersparnis sie in sich birgt, einfach nur Unmengen unnötiger Zeit.

## Wählen Sie Ihre Hard- und Software zielorientiert aus

Bei der Menge an Technik, die inzwischen zum Einsatz kommt, gilt es, eine gesunde Balance zwischen Sinn und Unsinn zu halten: Was unterstützt uns bei Durchführung unserer Aufgaben und Erreichung unserer Ziele, was macht uns das Leben einfacher und ist ein angenehmer Luxus und was fordert uns dermaßen in Sachen Zeit und Energie, dass wir mit einer einfacheren Lösung mehr gewinnen?

Die Frage ist, was wir mit dem Synchronisieren und Verwalten unserer digitalen Daten erreichen wollen und wo es demnach durchaus sinnvoll wäre, Hilfestellung zu nutzen, die unser Leben signifikant vereinfacht. Und auch davon liefert das Web eine ganze Reihe. Sie sollten jedoch mit Bedacht auswählen.

Wie im Kapitel »Zeit sparen« ausgeführt, ist es durchaus die Frage, ob eine Online-to-do-Liste, die zwischen diversen Geräten synchronisiert, einen Mehrwert hat im Vergleich zur guten alten händischen To-do-Liste mit Papier und Schreibgerät oder, wie es neudeutsch wahrscheinlich heißt, »Writing Tool«.

Das heißt, es bedarf einer bewussten Prüfung, welche technischen Hilfsmittel Ihnen gute Dienste leisten, und dann dafür Sorge zu tragen, dass diese auch entsprechend auf dem aktuellen Stand sind.

## Achten Sie darauf, regelmäßig entsprechende Updates zu machen

Da geben wir Unsummen für Software aus und verzichten dann auf die entsprechenden Updates und wundern uns, warum die Performance so schlecht ist. Technische Hilfsmittel sollten auf dem neuesten Stand sein, wenn sie Hilfsmittel sein wollen. Insbesondere, wenn es um Software geht, macht natürlich der zweitaktuellste Virenscanner nur wenig Sinn.

Wer jemals gewagt hat, sein Handy zu wechseln und hierbei vielleicht dem bisherigen Anbieter untreu zu werden, und die Zeit dabei handgestoppt hat, die es benötigt, seinen bisher gewohnten Leistungsumfang auch nur annähernd wiederherzustellen, von den Apps über die Kontakte bis hin zum Chatverlauf, der weiß, was ich meine. Wobei es auch hier im Zeitalter der Informationsüberflutung durchaus ein Segen sein kann, wenn wir ab und zu genötigt werden, ein Reset durchzuführen und wieder bei null zu beginnen.

So berichtete mir bereits vor Jahren ein Projektmanager eines Automobilzulieferers, dass er immer dann, wenn die Anzahl der unbearbeiteten Mails zu groß geworden ist, seinen Administrator gebeten hat, das System komplett neu aufzusetzen und dabei alle alten Mails im Nirvana verschwunden sind. Auch eine Möglichkeit …

Dennoch sollten Sie dem Thema Datensicherung ausreichende Aufmerksamkeit schenken, wenn Sie nicht unendlich viel Zeit mit der Wiederherstellung verloren gegangener Dateien verbringen wollen.

### Was Sie sofort tun können:

- Aktualisieren Sie Ihre Software.

### Was Sie ab morgen garantiert anders machen:

- Sorgen Sie dafür, dass Ihre Hardware funktionsfähig ist.
- Richten Sie eine automatische und regelmäßige Datensicherung ein.

28

# Telefon

***»Das ist aber eine lange Sprachnachricht!«
»Alter, wir telefonieren …«***

»Hör mal, mein Smartphone macht gerade ganz komische Geräusche.« – »Du bekommst einen Anruf.« – »Ich bekomme WAS?«

---

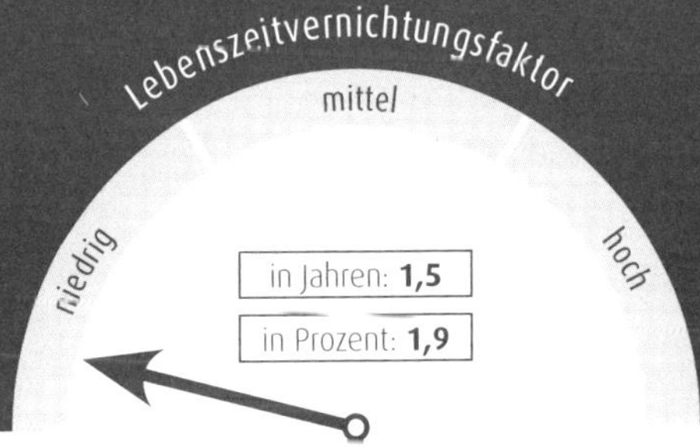


**Sind Sie betroffen?**

- ☐ Sie verbringen Stunden am Hörer mit Gesprächen, die allesamt mit »Hast du mal eine Minute« begonnen haben.
- ☐ Sie hinterlassen sich mit dem gewünschten Gesprächspartnern wechselseitig Nachrichten auf der Mailbox, ohne sich je persönlich zu sprechen
- ☐ Sie freuen sich darüber, dass Ihnen die Diskussion über das Freimachen der Telefonleitung erspart bleibt, die Sie noch mit Ihren Eltern führen mussten.

Wenn Sie zweimal zustimmen, sollten Sie weiterlesen.

Telefonieren ist etwas aus der Mode gekommen. Mit dem Smartphone wird überwiegend gewischt und gescrollt. Viele jüngere Besitzer kennen die Funktion »Telefonieren« ihres mobilen Alleskönners gar nicht. Ist es damit nur ein Relikt vergangener Tage oder stirbt das Telefonieren aus?

Das verhindern schon jene Telefonjunkies, die sieben Tage pro Woche und 24 Stunden täglich für jedermann erreichbar sind und dies auch von ihren Mitmenschen erwarten. Aber wenn Sie nicht die Bundeskanzlerin (oder der Bundeskanzler) sind, sollte Sie niemand abends um 21 Uhr noch brauchen. Was wird Schlimmes passieren, wenn Sie hin und wieder nicht erreichbar sind? Die Antwort: nichts.

Richtig eingesetzt bietet der Dinosaurier unter den Kommunikationsendgeräten zahlreiche Vorteile. Vorausgesetzt, Sie beachten nachfolgende Grundsätze:

## Beantworten Sie eingehende Anrufe nie direkt

Spätestens, wenn auf Website und Visitenkarte Ihre mobile Rufnummer steht, ist es an der Zeit, eine Veränderung des Telefonverhaltens zu veranlassen. Denn ständige Erreichbarkeit verhindert Spitzenleistung. Schließlich sind eingehende Anrufe immer eine Störung. Immer. Denn jeder eingehende Anruf führt zu einer unerwünschten Unterbrechung der Tätigkeit, an der Sie gerade arbeiten. Sie bedeuten in der Regel, dass Sie auf der To-do-Liste eines anderen Menschen stehen. Machen Sie sich das klar. Nur, wenn Sie sonst nichts Besseres mit Ihrer Zeit anzufangen wissen, nehmen Sie ab, um sich Ihre Langeweile zu vertreiben.

In allen anderen Fällen installieren Sie entsprechende Filter und lassen Sie Ihren Anrufbeantworter aktiv werden (denn Sie vorher individuell besprochen haben) oder leiten Sie eingehende Anrufe an einen Mitarbeiter oder Kollegen um. Wenn Ihnen nichts davon zur Verfügung steht, engagieren Sie einen Büroservice, um zumindest Ihre eingehenden Anrufe entgegenzunehmen.

## Machen Sie sich rar

Verfolgen Sie keine verpassten Anrufe zurück, wenn auf dem Anrufbeantworter kein wichtiger Grund dafür hinterlassen wurde. »Ruf mich zurück!«, ist übrigens kein wichtiger Grund.

Nehmen Sie nie Anrufe entgegen, wenn die Nummer des Anrufenden nicht angezeigt wird. Mittlerweile sollte es jedem, der ernsthaft erwartet, dass Sie ein Gespräch mit ihm führen, möglich sein, seine Rufnummer zu übertragen. Ebenso wenig nehmen Sie Anrufe entgegen, von denen Sie bereits vor dem Abheben ganz genau wissen, dass ein Telefonat Zeitverschwendung ist.

## Zielgerichteter Gesprächseinstieg

Wählen Sie die richtige Gesprächseröffnung bei eingehenden Anrufen. Fragen Sie niemals: »Wie geht es Ihnen?« Die Gefahr ist groß, dass Sie eine ausführliche Antwort erhalten. Fragen Sie stattdessen: »Was kann ich für Sie tun?«

Wenn Sie einen Anruf tätigen, starten Sie nach der Begrüßung am besten mit den Worten: »Herr …, darf ich gleich zum Punkt kommen?« Diese Empfehlung des Verkaufstrainers Tim Taxis ist zwar ursprünglich als Einstieg in die Telefonakquise gedacht, hat sich jedoch nach meiner Erfahrung für jegliches Telefonat bewährt, da es Ihnen und Ihrem Gesprächspartner wertvolle Zeit spart und häufig sehr positiv aufgenommen wird. Und das ist es, worum es Ihnen geht: Ihr Telefon zielgerichtet einzusetzen, um Ihre Zeit für Wesentliches zu nutzen.

## Fassen Sie Rückrufe blockweise zusammen

Verbinden Sie alle Telefonate zu einem einzigen Block und erledigen Sie diese am Stück, statt zwischen verschiedenen Aufgaben hin und her zu springen. Fassen Sie deshalb Ihre Telefonate zusammen, um sie in Arbeitsblöcken zu erledigen.

## Bereiten Sie Ihre Telefonate vor

Ein wichtiges Telefonat sollten Sie ebenso gründlich vorbereiten wie ein persönliches Meeting. Ein unwichtiges Telefonat sollten Sie sich sparen. Suchen Sie bei Problemen grundsätzlich den telefonischen Kontakt. Machen Sie sich vor jedem Telefonat eine Checkliste mit den Gesprächszielen, die Sie verfolgen.

## Telefonieren Sie konzentriert

Wenn Sie schon telefonieren, tun Sie nichts anderes. Wichtige Rückrufe verdienen Ihre volle Aufmerksamkeit. Telefonieren Sie deshalb konzentriert. Sicher sind Sie in der Lage, Auto zu fahren und gleichzeitig zu telefonieren. Aber → Multi-Tasking ist hier sogar gefährlich. Untersuchungen der Universität Utah zeigen, dass die Unfallrate um das Vierfache steigt, wenn während der Fahrt telefoniert wird – auch mit Freisprechanlage. Die Reaktionszeit eines telefonierenden Autofahrers entspricht der eines angetrunkenen mit 0,8 Promille. Sobald das Gehirn nicht nur wahrnehmen, sondern auch reagieren soll, scheitert die Gleichzeitigkeit.

## Umgang mit störenden Anrufern

Formulierung für störende Anrufe mit dem Anlass: »Hast du mal eine Minute?« Ihre Reaktion in Zukunft: »Ich habe eine Telefonkonferenz in genau 15 Minuten, aber ich wollte deinen Anruf trotzdem entgegennehmen. Ich hoffe, die Zeit reicht für unser Gespräch oder sollten wir lieber einen neuen Termin vereinbaren?«

Wichtig ist, dass Sie den Unterbrecher unterbrechen. Warten Sie nicht, bis er Ihnen alle Details eines belanglosen Problems geschildert hat, sondern gehen Sie entschlossen dazwischen. Das mag etwas hart anmuten, aber anders lernen notorische Störenfriede nie.

## So überlisten Sie nervige Hotline-Warteschleifen

Reagieren Sie bei Ihrem nächsten Anruf, bei dem Sie in einer Warteschleife landen, nicht auf die Aufforderung, die 1 für dies, die 2 für jenes, die 3 für Sonstiges einzugeben. Denn sobald Sie Ihre 35-stellige Kundennummer in das Telefon eingegeben haben, wird der irgendwann abnehmende Servicemitarbeiter sie erneut abfragen. Machen Sie stattdessen Folgendes: Geben Sie nichts ein, um nicht im Warteschleifen-Bermudadreieck für immer verloren zu gehen. Stattdessen überlegen Sie sich ein Schimpfwort, das Sie der Maschine entgegenschleudern. Die Antwort wird, egal ob bei Ihrer Krankenkasse, Hausbank oder Ihrem Mobilfunkprovider im Regelfall lauten: »Tut mir leid, ich verstehe Ihre Eingabe nicht. Bitte wiederholen Sie.« Nach der dritten Wiederholung wird die Ansage lauten: »Tut mir leid, ich konnte Sie wieder nicht verstehen, am besten ich verbinde Sie jetzt mit dem nächsten freien Mitarbeiter.« Achtung, ab diesem Moment sollten Sie mit den Schimpfworten aufhören, sonst könnte es sein, dass der Mitarbeiter auflegt und Sie noch mal von vorne beginnen müssen. Probieren Sie es aus – funktioniert garantiert!

### Was Sie sofort tun können:

- Nehmen Sie nach Möglichkeit keine Anrufe mehr direkt entgegen.

### Was Sie ab morgen garantiert anders machen:

- Führen Sie Rückrufe konzentriert in Blöcken durch.
- Kommen Sie direkt auf den Punkt und fordern Sie das auch von Ihren Gesprächspartnern.

29

# Unerledigtes

***»Was muss der Chef auch ausgerechnet acht Stunden vor dem Feierabend wieder mit Arbeit kommen?«***

»Das erledige ich morgen.« Zack, wieder eine Woche um.

---

**Sind Sie betroffen?**

- ☐ Sie fallen abends regelmäßig mit dem unguten Gefühl ins Bett, dass Sie zwar beschäftigt, aber leider nicht produktiv waren.
- ☐ Ihre Hauptaktivität ist es, unerledigte Aufgaben auf eine neue Liste zu übertragen.
- ☐ Das Einzige, was an Ihrer To-do-Liste fehlt, sind die Haken.

Wenn Sie zweimal zustimmen, sollten Sie weiterlesen.

Unser Leben erschlägt uns mit einer Vielzahl von Aufgaben: Zeitung lesen, E-Mails beantworten, Videos auf YouTube ansehen, aufräumen, einkaufen, Auto waschen, Steuererklärung vorbereiten … Oft verlieren wir schon am Morgen den Überblick über unsere Tagesaufgaben. Deshalb führen wir mit Vorliebe To-do-Listen.

Darauf notieren wir akribisch alle unsere Aufgaben, in der naiven Hoffnung, sie eines Tages komplett abarbeiten zu können. Wahrscheinlich, weil es das Gewissen so schön beruhigt, das Unerledigte wenigstens schriftlich festgehalten zu haben. Aber sehr bald müssen wir feststellen, dass unsere To-do-Liste schneller länger und länger wird, als wir die einzelnen Punkte abhaken können. Irgendwann erkennen wir, dass uns nur 24 Stunden pro Tag zur Verfügung stehen und wir nicht alle Aufgaben erledigen können. Also konzentrieren wir uns nur auf die vermeintlich wichtigsten.

Tatsächlich wird unsere To-do-Liste vorübergehend etwas kürzer, bis sie nach einigen Wochen wieder die ursprüngliche Länge erreicht hat. Denn wir haben immer mehr Aufgaben als »wichtig« eingestuft – aber nach wie vor nur 24 Stunden, um sie zu bearbeiten. Sobald Sie die Frage stellen: »Wie kann ich das alles schaffen?«, sind Sie verloren. Sie bekommen ein schlechtes Gewissen und schlimmstenfalls Herzprobleme. Stellen Sie sich den Tatsachen. Der Druck ist immens und die Arbeitsmenge ist nicht zu bewältigen – auch nicht einmal mit größter Anstrengung.

Kennen Sie diese wunderschönen Apothekerschränkchen mit den zahlreichen Schubladen, die als Möbelstücke viele unserer Wohnungen oder zumindest nahezu jeden Möbelkatalog zieren?

Nun stellen Sie sich bitte vor, bei einem solchen Apothekerschränkchen würden sämtliche Schubladen offenstehen. Was würde dies für seine Stabilität bedeuten? Wenn es auch nicht sofort umkippte, so würde es doch zumindest auf ziemlich wackligen Füßen stehen.

Sie können sich Ihr Unterbewusstsein genau wie ein solches Möbelstück vorstellen: Denn genauso verhält es sich auch mit unserem Kopf und all den unerledigten Aufgaben. Jede davon gleicht einer offenen Schublade.

Was schätzen Sie, wie viele offene Schubladen Sie gegenwärtig schätzungsweise haben? Wenn ich diese Frage meinen Workshop-Teilnehmern stelle, liegt die Antwort meistens zwischen 20 und 50. Wäre das auch Ihre Antwort gewesen? Dann liegen Sie mit dieser Selbsteinschätzung vermutlich genauso falsch wie meine Teilnehmer. 50 offene Schubladen hatten Sie vielleicht zuletzt im Alter von 15 Jahren. Ich würde mit allen Verantwortungsbereichen, Projekten, familiären Aktivitäten, unerledigten Dingen, Zielen und Schritten ohne Weiteres 200 und mehr offene Schubladen vermuten. Wenn Sie Kinder haben, dann kommen Sie leicht auf über 300.

Nun ist natürlich die Frage berechtigt, was überhaupt als offene Schublade gilt. Ganz einfach: jede Aktivität, die möglicherweise schon begonnen, aber noch nicht beendet wurde. Hier ein paar Beispiele aus einer Pause während eines meiner Seminare: Eine Teilnehmerin hat geheiratet. Da sie keine Visitenkarten dabeihat, verspricht sie, gleich nach dem Seminar ihre neue Signaturzeile zu mailen. Ein anderer ist von München nach Köln umgezogen. Auch er will sich wegen seiner neuen Kontaktdaten melden. Ein weiterer Teilnehmer hat meine Rechnung vergessen. Er verspricht, sich umgehend darum zu kümmern und sich wieder zu melden. Wieder ein anderer erzählt mir von einer tollen Kooperationsidee und will mir sein Konzept gleich im Anschluss per Mail zukommen lassen … lauter offene Schubladen.

Ortswechsel: Sie sitzen zusammen mit Freunden gemütlich bei einem Glas Wein. Als sich der Wein dem Ende entgegenneigt, begeben Sie sich in den Keller, um Nachschub zu holen. Sie drücken den Lichtschalter – und nichts passiert. Die Glühbirne ist kaputt. Nun finden Sie den Weg zum Weinregal möglicherweise auch im Dunkeln, weil sich dort bereits ein kleiner Trampelpfad gebildet hat. Schon bald sitzen Sie wieder im Kreis Ihrer Freunde und denken nicht weiter darüber nach. Wann glauben Sie, denken Sie das nächste Mal an die kaputte Glühbirne? Genau: Das nächste Mal, wenn Sie in den Keller gehen und versuchen, das Licht anzuknipsen. In diesem Moment fällt es Ihnen siedend heiß wieder ein. »Mensch, das wolltest du ja auch noch erledigen.«

Das schlechte Gefühl, das wir in solchen Momenten empfinden, ist ein untrügliches Zeichen dafür, dass uns unerledigte Aufgaben belasten – egal, ob sie uns bewusst und damit allzeit präsent sind oder ob sie von uns schlicht und einfach verdrängt werden. Jede offene Schublade bindet einen gewissen Prozentsatz der Ihnen zur Verfügung stehenden Energie.

Das wurde sogar erwiesen: 1927 startete die russische Psychologin Bljuma Wulfowna Zeigarnik in Berlin einen Versuch, in dem sie 164 Personen bis zu 22 verschiedene Aufgaben lösen ließ. So mussten diese beispielsweise aus einem Papierstreifen eine Figur falten, ein Blatt Papier voller Kreuze zeichnen, eine mathematische Aufgabe lösen, ein Gedicht aufsagen oder ihre Adresse in Druckbuchstaben aufschreiben. Bei einer Reihe von Aufgaben wurden die Probanden unterbrochen, andere durften sie bis zum Ende ausführen. Um was ging es Zeigarnik dabei? Sie wollte untersuchen, an welche Aufgaben man sich später besser erinnerte. Das Ergebnis: Bei 90 Prozent der Versuchspersonen – unabhängig vom Alter oder vom Bildungsgrad – blieben die unerledigten Aufgaben besser im Gedächtnis haften als die erledigten!

Was bedeutet das für uns und unsere offenen Schubladen? Ganz einfach: Je mehr offene Schubladen, sprich Aufgaben, wir haben, umso mehr spukt uns im Gehirn herum. An umso mehr müssen wir denken – und zwar permanent. Und jede dieser Aufgaben entzieht uns ein entsprechendes Maß an Energie.

Deshalb die Frage: Wie können Sie das verhindern? Ganz einfach! Indem Sie jede Schublade zumachen. Zwar werden uns viele Schubladen von außen aufgemacht, aber der größte Zeitdieb ist derjenige, der uns begegnet, wenn wir vor den Badezimmerspiegel treten. Wir machen uns unsere Schubladen selbst auf.

Stellen sich vor, sie arbeiten hochkonzentriert an einem wichtigen Projekt, als ein guter Freund anruft und fragt, ob Sie am Abend gemeinsam ins Kino gehen sollen? Sie antworten, dass Sie zunächst noch eine Stunde an Ihrem Projekt weiterarbeiten müssen und dann nachher mal schauen, was läuft, um dann zurückzurufen.

Sie legen auf und arbeiten weiter. Problem: zwei neue offene Schubladen. Entweder Sie vergessen es nachher wieder und haben ein schlechtes Gewissen oder aber Sie arbeiten zwar an Ihrem Projekt, sind aber gezwungen, zwei offene Schubladen wieder zu schließen.

Was spräche denn dagegen, wenn Sie dieses Prinzip mal verinnerlicht haben, zu sagen: »Gute Idee! Ich habe jetzt hier noch zwei Stunden zu tun (Achtung, sagen Sie zwei Stunden, auch wenn es voraussichtlich nur eine Stunde dauert). Bitte schau' doch inzwischen schon mal, was kommt, und ruf mich dann noch mal an.« Wer hat jetzt nach dem Auflegen die offenen Schubladen?

Genau aus diesem Grund sollten Sie übrigens auch auf das bloße Checken von E-Mails verzichten. Zu Beginn eines Seminars stelle ich regelmäßig fest, dass ein Großteil der Teilnehmer kurz vor Seminarbeginn morgens noch einmal schnell seine Mails checkt. Was aber haben Sie mit dem Lesen der Mails erreicht? Sie haben jede Menge neue offene Schubladen erzeugt, die Sie aber nicht sofort wieder schließen können, weil Sie sich nicht unmittelbar darum kümmern können. Warum?

An dieser Stelle entgegnen mir übrigens nahezu alle Zuhörer – in welcher Stellung und Branche auch immer: »Ich muss doch wissen, ob etwas anbrennt.«

Denken Sie an Frau Zeigarnik: An jede offene Schublade erinnern Sie sich perfekt. Wie viel werden Sie wohl von dem bevorstehenden Meeting mitnehmen? Sie können sich jetzt weder den Inhalten zu 100 Prozent widmen noch können Sie sich um die offenen Schubladen, die in Ihrem Posteingang schlummern, kümmern. Sie berauben sich damit Ihrer eigenen Produktivität.

Wann immer Sie sich einer Aufgabe bewusst werden, ohne dass Sie einen entsprechenden Schritt in Richtung ihrer Erledigung unternehmen, bindet das wertvolle Energie. Im Falle der Mails ist die Lösung ganz einfach: Rufen Sie diese nur ab, wenn Sie auch die Zeit haben, sie zu bearbeiten. Mails zu checken, ist komplette Energieverschwendung.

Die Fragen lauten nun: Was können Sie dagegen unternehmen und wie lässt sich die verlorene Energie wieder zurückgewinnen? Ziehen Sie die notwendigen Konsequenzen: Streichen Sie Aktivitäten. Sie lesen richtig: Entscheiden Sie sich dazu, Dinge nicht zu erledigen – jetzt nicht und später auch nicht. Der Grund ist einfach: Alles, was Sie nicht tun, bestimmt darüber, was Sie stattdessen tun können. Denn jede Entscheidung für etwas ist eine Entscheidung gegen etwas anderes. Deshalb sind Not-to-do-Listen für die Verbesserung Ihrer Leistung und Lebensqualität häufig effektiver als To-do-Listen.

### Was Sie sofort tun können:

- Erstellen Sie eine Not-to-do-Liste.

### Was Sie ab morgen garantiert anders machen:

- Geben Sie Anfragen von vorneherein zurück.
- Machen Sie sich keine Schubladen selbst auf.

## 30

# Unterwegs

***»Eine Stunde Autofahren verbrennt ca. 150 Kalorien. Zack! Neue Lieblingssportart.«***

Von Freud und Leid der mobilen Republik

### Sind Sie betroffen?

- ☐ Sie sind täglich mehr als eine Stunde unterwegs, was nicht Ihrem langsamen Auto zuzuschreiben ist.
- ☐ Sie haben einen Schrittzähler auf Ihrer Smartwatch dabei, damit es sich nicht mehr ganz so sinnlos anfühlt, ständig unterwegs zu sein.
- ☐ Vielfliegerkarten diverser Airlines sowie Ihre Bahn-Card bringen Ihre Geldbörse an ihre Kapazitätsgrenzen.

Wenn Sie zweimal zustimmen, sollten Sie weiterlesen.

Zu Lande, zu Wasser oder in der Luft. Warten gewinnt im Bereich Verkehr eine ganz neue Dimension: So legt beispielsweise der deutsche Autofahrer jedes Jahr durchschnittlich 11.715 Kilometer mit dem Auto zurück. Das ist immerhin fast dreimal von Osnabrück nach Moskau und zurück. Dafür brauchen wir rund 114 Stunden – und viel Geduld. Denn dabei stehen wir ungefähr 38 Stunden im Stau. Ein Zeitfresser, der die Betroffenen in den Wahnsinn treiben kann.

Im besonderen Maße lebensgefährlich ist hier die zu cholerischen Anfällen neigende Spezies, die hinterm Steuer regelmäßig fuchsteufelswild wird, weil der Vordermann ganz offensichtlich in gemäßigter Tiefenentspannung, ohne jeden Sinn für Dringlichkeit oder die eigene Verspätung zu seinem nächsten Meditationskurs dahinzugleiten scheint. Die hier zutage tretenden roten Äderchen, die in solchen Fällen zu platzen drohen, treffen dabei beiderlei Geschlechter. Besonders hart trifft es Autofahrer in Stuttgart, die im Schnitt 73 Stunden jährlich warten, Fahrer in Köln mit 71 Stunden und Bewohner von Karlsruhe, die 54 Stunden im Stau stehen.

Nur zu gerne erinnere ich mich an die Zeit zurück, als ich meinen Führerschein aufgrund zu häufiger Geschwindigkeitsverletzungen für einen längeren Zeitraum an eine sichere Stelle zur Verwahrung hinterlegte und mir zwangsläufig das Vergnügen gönnte, mit einem Chauffeur unterwegs zu sein. Nachdem ich die ersten Wochen jedes Mal das Bodenblech durchzudrücken versuchte, bei dem verzweifelten Unterfangen, mitzubremsen, entschied ich mich für die Rückbank und begann, fortan an wichtigen Projekten zu arbeiten, während ich den Ärger über den nächsten Stau erfolgreich meinem Fahrer übertrug.

Seit dieser Zeit empfehle ich meinen Coaching-Klienten nahezu durchweg, sich einen Fahrer zu gönnen und die lange Zeit, die wir während unseres Lebens im Auto sitzen, sinnvoller und wesentlich entspannter zuzubringen als hinter dem Steuer. Alternativ zum eigenen Fahrer, der bereits auf Minijob-Basis stundenweise gebucht werden kann, liefert auch die Bahn komfortable Reisemöglichkeiten.

Natürlich fehlt es in diesem Fall an einem eigenen Fahrzeug am Zielort, zumal auch der Fahrdienst Uber noch an zu wenig deutschen Städten eine echte Taxi-Alternative darstellt.

Aber der Luxus, mit der Bahn bei längeren Strecken unterwegs zu sein, Essen und Trinken an den Platz serviert zu bekommen, sich die Beine zu vertreten und dank mangelnder Netzabdeckung häufig nahezu ungestört reisen zu können, liefern Pluspunkte, die die Nachteile bei Weitem aufwiegen.

Auch die viel zitierte kontinuierliche Verspätung der Bahn konnte ich zwar hin und wieder beobachten, aber die Frage, wann der nächste Zug kommt, kann gelassen beantwortet werden: Lange kann es nicht mehr dauern, Schienen liegen schon da. Ja, ich bin bekennender Bahn-Fan und habe sogar schon eine Fahrt quer durch Deutschland angetreten, obwohl der ursprüngliche Termin ausgefallen war. Einfach weil ich so schön ungestört arbeiten konnte. Lediglich die überteuerten Tickets verregnen die Parade und verhindern das Loblied auf ein ökologisches Verkehrsmittel.

Was geht nicht alles mit dem Deutschen liebsten Kind einher?

Schwer zu beziffern, wie viel Lebenszeit vor der Erfindung des Navigationssystems durch die Unfähigkeit der männlichen Bevölkerung verplempert wurde, nach dem Weg zu fragen.

Ein weiteres Phänomen lässt sich bevorzugt samstagsmorgens beobachten: Die gesamte deutsche Intelligenz wird an einen Haufen Blech verschleudert. Es ist wieder Zeit für die wöchentliche Autowäsche.

Da auch Autowaschen – Sie ahnen es – auf meiner Not-to-do-Liste steht, war ich schier aus dem Häuschen, als ich am Stuttgart Flughafen auf ein Unternehmen stieß, dass just jene beiden Zeitfresser, das Autowaschen und das Parkplatzsuchen, im Sinne seiner Kunden miteinander verband. Seither gebe ich mein Fahrzeug unmittelbar vor dem Abflugterminal ab und hole es bei meiner Rückkehr frisch gewaschen wieder ab. Noch dazu zu einem Preis, der günstiger ist als das Parken alleine.

Bliebe noch der Blick auf das Fliegen: Abgesehen von dem Ärger mit vermeintlichen Billigfluglinien, die für jedwedes Handgepäckstück oder Zusatz-Kilo im Koffer erbarmungslos zuschlagen, ist es insbesondere anstrengend, während eines Fluges mehrfach durch Werbeeinblendung aus scheppernden Boxen aus dem, ohnehin leichten, Schlaf gerissen zu werden. Dagegen sind Turbulenzen auf Flügen das reinste Vergnügen.

Stunden vor dem Boarding am Flugplatz sein zu müssen, die besonderen Anforderungen an das Handgepäck schon beim Packen zu berücksichtigen, in der Schlange bei der Sicherheitskontrolle darauf zu warten, dass man, kaum hat man das entwürdigende Ritual annähernd hinter sich gebracht, mal wieder als Einziger für einen kurzen Sprengstofftest ausgewählt worden ist. Zusammen mit gestrichenen Flügen sind dies alles Faktoren, die mich der Bahn in die offenen Arme treiben.

### Was Sie sofort tun können:

- Nutzen Sie für Langstrecken die Bahn.

### Was Sie ab morgen garantiert anders machen:

- Verzichten Sie auf übermäßige Autowäsche.
- Heuern Sie einen Chauffeur an.

# 31

# Warten

***»Als Gott die Geduld verteilt hat, bin ich gegangen. Hat mir zu lange gedauert.«***

Ein Leben im Stand-by-Modus

**Sind Sie betroffen?**

- ☐ Im Lebensmitteldiscounter fordern Sie die Mitarbeiter auf, eine weitere Kasse zu öffnen, sobald zwei Personen vor Ihnen stehen.
- ☐ Sobald Sie in den Aufzug steigen, drücken Sie sofort den Tür-schließen-Button.
- ☐ Seit Sie Ihr Smartphone immer dabeihaben, macht Ihnen das Warten kaum noch etwas aus, vorausgesetzt, Sie kennen das WLAN-Passwort

Wenn Sie zweimal zustimmen, sollten Sie weiterlesen.

Gefühlt warten wir unser halbes Leben. Sitzen wir in einem Vortragsraum, warten wir, dass die Präsentation endlich beginnt, und kaum hat sie begonnen, können wir es kaum erwarten, dass sie wieder aufhört. Stehen wir an der Supermarktkasse nur an dritter Position hinter zwei Rentnern in Zeitnot, erwarten wir, dass eine weitere Kasse aufmacht, um im Wettlauf mit anderen die Einkaufswagen-Rallye als Erster zu beenden. Wenn ich in der Oper nach geschlagen zweieinhalb Stunden auf die Uhr gucke, stelle ich fest: »Mein Gott, erst fünf Minuten vorbei!« Was in Ostdeutschland für DDR-Bürger noch zum gewohnten Bild gehörte, ist bei uns mit einer vergleichsweise kurzen Geduldsspanne versehen.

Können wir doch häufig beobachten, dass selbst in Aufzügen ungeduldig der Tür-schließen-Button gedrückt wird, in der Hoffnung, wir sind zwei Sekunden schneller im gewünschten Stockwerk. Unsere Geduld tendiert gegen null, weil wir auch an zahllosen Stellen genötigt werden zu warten und dies aufgrund der Fremdbestimmung zu Frustration führt. Ob im Restaurant auf die Bedienung, das Essen oder die Rechnung, in der Warteschleife unseres Mobilfunkanbieters, in einer Bestellhotline oder bei einer Servicenummer für die Umbuchung eines Fluges, am Check-in Schalter der Sicherheitskontrolle oder dem zugigen Bahnhof. Im Stau, an der Hotelrezeption oder während der Werbepausen vor dem Fernseher. Zu welcher Gelegenheit auch immer: Warten ist ein nicht zu leugnender Bestandteil unseres Lebens, der uns kolossal ärgert.

Gleichzeitig tendieren wir dazu, Wartezeit sehr individuell zu bewerten, lässt sie sich doch ohnehin sehr subjektiv betrachten: »Heute bestellt und morgen geliefert« mag für einen Telekommunikationsanbieter ein klarer Wettbewerbsvorteil sein, für den Pizzabringdienst ist es das sichere Todesurteil.

Das gilt auch für das Thema Pünktlichkeit. War ich selbst jahrelang nach der Devise unterwegs, »Wer immer pünktlich ist, auf den wartet niemand«, war meine Geduld beim Warten auf eine Verabredung schon nach fünf Minuten am Ende. Wenn Sie andere warten lassen, verschwenden Sie auch deren Lebenszeit. Kein guter Stil.

Wenn Sie hingegen einbestellt werden um 9:00 Uhr, um Ihren Wagen zur Inspektion abzugeben, und Sie sind fünf Minuten vor der Zeit da, werden Sie diese ohne großen Ärger problemlos abwarten. Sind Sie hingegen Just-in-Time und werden genötigt, fünf Minuten länger zu warten, wird Sie dies weit mehr ärgern, obwohl die Zeitspanne in beiden Fällen exakt identisch ist. Wenn Sie an der Rezeption darauf warten, von den Hotelmitarbeiter überhaupt nur registriert zu werden, und dieser Vorgang dauert länger als 30 Sekunden, tendieren ungeduldige Zeitgenossen bereits dazu, sich ein anderes Hotel zu suchen.

6 Stunden und 48 Minuten beträgt die Zeit, die ein Patient jährlich in den Wartezimmern verbringt. Da die Deutschen durchschnittlich 17 Mal pro Jahr den Arzt aufsuchen, müssen sie pro Besuch 24 Minuten warten. Am längsten dauert es bei Augen- (37 Minuten) und bei HNO-Ärzten (35 Minuten). Beim Zahnarzt beträgt die durchschnittliche Wartezeit dagegen nur 13 Minuten.

Wartezeiten sind in zwei Fällen relativ problemlos: wenn das bevorstehende Ereignis besonders negativ oder besonders positiv besetzt ist. So stellen wir uns regelmäßig widerstandslos bei den schier endlosen Warteschlangen in Freizeitparks an, in denen Schilder auf eine Wartezeit von 90 Minuten und mehr hinweisen. Ebenso wie in der Schlange, wenn das neue iPhone auf den Markt kommt, oder beim Einlass für das lang ersehnte Konzert unseres Lieblingsstars.

Da will man nur kurz in den Supermarkt huschen, um ein paar kleine Besorgungen zu tätigen, und schon verbringt man dort zusammengerechnet einen Vierteltag pro Jahr wartend an der Kasse. Wichtigster Tipp hier: Wechseln Sie auf keinen Fall die Kassenschlange! Auch wenn wir uns unwohlfühlen, wenn wir an letzter Stelle stehen: Laut Online-Analyse dauert es rund zehn Prozent länger, wenn wir die Schlange wechseln. Bei zweimaligem Wechsel sind es sogar bis zu 67 Prozent.

Mit folgenden Schritten gelingt es Ihnen außerdem, Wartezeiten zu nutzen.

## Gegen-den-Strom einkaufen

Machen Sie Besorgungen zu unpopulären Zeiten, um Gedränge zu vermeiden. Profitieren Sie von langen Öffnungszeiten. Shoppen Sie kurz vor Ladenschluss oder kurz nach dem Öffnen. Vergessen Sie grundsätzlich Samstage oder die Tage vor Feiertagen.

## Unvermeidliche Wartezeiten nutzen

Verzichten Sie darauf, sinnlos durch die Statusmeldung in Ihrer Timeline zu surfen und wild durch die Gegend zu wischen. Auch das Löschen von überflüssigen Fotos auf Ihrem Smartphone grenzt an Sisyphusarbeit.

Lassen Sie stattdessen die zum Warten verurteilten Stunden zum Leben erblühen. Profitieren Sie von Situationen, in denen sich andere ärgern würden, wie Bahnschranken, Vorzimmer, Fahrzeiten oder das Warten beim Arzt.

- Legen Sie lieber eine Meditations- und Atemübung ein, um zu Entspannung zu gelangen, und visualisieren Sie Ihre Ziele.
- Laden Sie sich ein Hörbuch oder einen interessanten Podcast auf Ihr Handy, um sich während der Wartezeiten weiterzubilden, zu unterhalten oder inspirieren zu lassen.
- Setzen Sie, wo immer möglich, Leute ein, die ihre Wartezeit stellvertretend einsetzen. Denken Sie nur an den Zulassungsservice, der Ihnen für wenig Geld einen echten Zeitgewinn verschafft. Entscheidend wird dann allerdings sein, wie Sie diese gewonnene Zeit zu nutzen verstehen.

### Was Sie sofort tun können:

- Nutzen Sie unvermeidliche Wartezeiten.

### Was Sie ab morgen garantiert anders machen:

- Machen Sie Besorgungen anti-zyklisch.
- Lassen Sie jemanden für sich warten.

32

# WhatsApp

***»Warum ein dreiminütiges Telefonat führen, wenn man das auch bequem in acht Stunden per WhatsApp klären kann?«***

Tipp: Jede Nachricht noch mal lesen, bevor man Sie abfickt.

---

**Sind Sie betroffen?**

- ☐ Wenn akustische Signale ausbleiben, sehen Sie selbst nach, ob vielleicht trotzdem neue Nachrichten eingetroffen sind.
- ☐ Sie hinterlassen bevorzugt Audios, um sich die viele Schreiberei zu sparen, aber hassen es, Audios abhören zu müssen.
- ☐ Mittlerweile sind Sie recht geübt darin, während der Fahrt zu schreiben.

Wenn Sie zweimal zustimmen, sollten Sie weiterlesen.

Instant Messaging beginnt bereits im frühen Alter. Nicht selten sitzen Schülerinnen und Schüler im Bus nebeneinander und zeigen stolz die soeben an den Nebenmann versandten Textnachrichten direkt auf dem Smartphone-Display. Oft kommen sie dann auf die Idee: »Stell dir vor, man könnte eine Audio-Nachricht bereits hören, während der andere sie noch spricht!« »Ja, Mann, dann könnte man direkt darauf antworten.« Zurück in die Zukunft.

Nirgends liegen Fluch und Segen näher beieinander als bei dem Instant-Messenger, der angetreten ist, die Weltherrschaft über die Smartphone-Besitzer zu ergreifen.

WhatsApp hat 1,5 Milliarden monatliche Nutzer weltweit. Von denen alle die Datenschutzbestimmungen akzeptiert haben. Jedwede Diskussion über den Datenschutz beim Versenden vertraulicher Inhalte wirkt hier – ganz egal, wo der Server des Dienstanbieters auch steht – vergleichsweise lächerlich, solange wir intimes Liebesgeflüster ebenso wie vertrauliche Geschäftsdaten sorglos versenden. Insgeheim stelle ich mir manchmal tatsächlich vor, wie die NSA sich meine WhatsApp-Nachrichten einzeln durchliest, um etwaige Verdachtsmomente daraus abzuleiten.

Hoffentlich stolpern sie dann auch über die diversen Gruppenmitgliedschaften meiner Sportvereine, wie beispielsweise Fußball oder Tennis, in denen das Verhältnis von wichtigen Informationen zu unwichtigem Schwachsinn etwa 1:99 steht. Wie leicht überliest du dann das Wesentliche! Leider ist mir hier bislang noch kein wirkungsvolles Gegenmittel in den Sinn gekommen. Denn obwohl es Monate gedauert hat, bis ich entdeckt habe, dass ich einzelne Gruppen stumm schalten kann und zumindest nicht mit irgendeinem »Pling, Plang, Plong« meines Telefons immer wieder aus – zugegeben noch sehr begrenzten – Phasen der Konzentration herausgerissen werde.

Allerdings hat das vorzeitige Verlassen diverser Gruppen teilweise eine noch größere Zeitverschwendung nach sich gezogen: Als ich kürzlich eine 25-minütige Anfahrt zu einem Fußballtraining in Kauf nahm und dort, außer mir, lediglich ein weiteres Mitglied zum ursprünglich vorgesehenen Zeitpunkt zugegen war, wurde uns plötzlich klar, dass wir die einzigen beiden Kicker waren, die nicht in der WhatsApp-Gruppe vertreten waren und somit über die kurzfristige Absage nicht informiert wurden. In diesem Fall war tatsächlich das Nicht-auf-WhatsApp-vertreten-Sein die größere Zeitverschwendung. Allerdings dürfte die 50-minütige überflüssige Fahrt in keinem Verhältnis zu all den Katzenvideos stehen, die in Fußballgruppen eher durch sexistische Witze ersetzt werden, weil es keine weiblichen Mitleser gibt.

In Deutschland verbringen wir jeden Tag durchschnittlich allein eine halbe Stunde mit WhatsApp. Das hinterlässt Spuren:

Dank »WhatsApp« sitzen Menschen gemeinsam beim Essen – und jeder tippt auf seinem Smartphone herum. Manch einer schreibt dabei sogar denjenigen, die mit am Tisch sitzen.

Auch die Langeweile in Meetings lässt sich hier natürlich mühelos überbrücken, wenn der Mitleser nicht unmittelbar neben einem sitzt. Allerdings sollte das Lautlos-Schalten des Handys sicherheitshalber aktiviert sein.

Haben Sie sich auch schon gewünscht, dass Sie im Rahmen eines normalen Gesprächs Emojis verwenden könnten, um Ihre Gefühle besser zum Ausdruck zu bringen?

Gleichzeitig hat auch der Stresspegel enorm zugenommen. Nicht nur, dass wir unsere Erreichbarkeit weiter ausgedehnt haben und anderen je nach Einstellung der Privatsphäre hierüber auch bereitwillig Auskunft erteilen, nein, vor allem wird unser Gesprächspartner auch über unsere Kenntnisnahme informiert, womit sich für uns eine Schublade öffnet (siehe Kapitel »Unerledigtes«), die uns zwangsweise eine Reaktion abfordert. Dies nimmt bisweilen recht bizarre Züge an: So mag eine Gruppe für allerlei relevante Informationen zu sportlicher Betätigung oder anderen gemeinsamen Interessen etc. recht hilfreich sein, aber sobald sich mehr als zehn Personen darin befinden, wird sie unter Garantie nicht nur zu Silvester und Weihnachten für das vermeintlich lustige Versenden von Fotos, Sprüchen, Videos und ähnlichen Zeitverplemperungsattacken missbraucht. Wenn zudem auch der Benachrichtigungston nicht deaktiviert wurde, versteht es WhatsApp vortrefflich, uns im Minutentakt aus unserer Konzentration zu reißen (siehe Kapitel

»Ablenkungen«), damit wir kurz nachsehen können, was uns gerade wieder entgeht.

Insbesondere bei Audio-Nachrichten über den verbreiteten Dienst scheiden sich die Geister. Was ich selbst lange für eine bequeme Art der Inflationsweitergabe hielt, habe ich erst später aus Sicht des Empfängers betrachtet. Als mein Freund und Steuerberater mir nämlich mitteilte (praktischerweise), dass es ihm oft nicht möglich sei, Audios abzuhören, während er in Besprechungen säße, einen kurzen Text jedoch jederzeit lesen könne, habe ich mein Versenden von Audios grundlegend überdacht. Stimmt, häufig ist es dem Empfänger gar nicht möglich, ein mehrminütiges Audio abzuhören, wohingegen ein kurzer Text durchaus lesbar ist.

Wenn Sie es noch nicht genutzt haben, sollten Sie unbedingt die Texterkennung einschalten, um das Tippen durch Diktieren zu ersetzen. Für all diejenigen Leser, die jenseits der 20 sind, sollte dies ohnehin wesentlich schneller funktionieren, als ihre Daumen über die Tastatur schnellen. Mühsam dabei ist bei ausführlichen Texten dann die entsprechende Korrektur. Andernfalls mühsam für den Empfänger, die vielen ausgeschriebenen Satzzeichen zu ignorieren.

Häufig kommt es auch zu wirklich haarsträubenden Fehlern in der Texterkennung, die falsche Namensschreibweise ist dabei noch das kleinste Übel. Zuletzt wies mich meine Tochter darauf hin, dass ich ihren Vornamen mit »a« nicht mit »e« schreiben würde, was mir im Normalzustand zwar eigentlich geläufig ist, meiner Texterkennung aber offensichtlich nicht, und ich mir häufig nicht die Mühe mache, diktierte Texte noch einmal im Detail querzulesen oder hierfür gleich einen Lektor zu beschäftigen. Deshalb hier noch einmal der besonders wertvolle Hinweis, jede Textnachricht noch einmal zu überprüfen, bevor man sie verschickt.

Fernab derartiger Probleme hat sich der kostenlose SMS-Dienst als durchaus praktisch und wertvoll erwiesen. Allerdings sind wir hierbei selbst gefordert, entsprechende Disziplin walten zu lassen. Ein Grundprinzip sollte daher lauten: »Zeit, die ich nicht gestohlen bekommen möchte, sollte ich auch nicht stehlen.« Das bedeutet: keine Katzenvideos in der Nordic-Walking-Gruppe und keine anzüglichen Bilder mit vermeintlich witzigen Sprüchen in die Fußball-Gruppe.

Die Konfiguration eines Instant-Messaging-Tools zum gelegentlichen Aufrufen und Checken auf neue Nachrichten ist selbstverständlich im eigentlichen Sinne des Dienstes kontraproduktiv. Dennoch sollten Sie sich möglichst bemühen, auch WhatsApp längstens im Stundenkontakt bewusst aufzurufen, sämtliche Töne zu deaktivieren und dann Ihre Nachrichten in Kurzform zu überfliegen. Während Ihrer Pausen und nachdem Sie relevante Dinge erledigt haben. Im Stunden- (!), nicht Minutentakt.

Alles in allem: Wenn ich sämtliche WhatsApp-Nachrichten der letzten vier Wochen querlese, werde ich feststellen, dass das Pareto-Prinzip hier noch gnadenloser zuschlägt: Keinesfalls habe ich 20 Prozent relevante oder wichtige Inhalte ausgetauscht. Dieses Verhältnis mag bei Ihnen besser aussehen, im Regelfall allerdings wird es sich ähnlich verhalten.

## Steigern Sie Ihre Real-Living-Lebenszeit

Da es keine ernst zu nehmenden Alternativen gibt, lauten die entscheidenden Fragen tatsächlich: In wie vielen Gruppen müssen Sie präsent sein, wie intensiv nutzen Sie den Nachrichtendienst und inwiefern können Sie sich hierbei auf das Wesentliche fokussieren?

Sie sind Mitglied in mehr als zehn aktiven Gruppenchats? Sie Ärmster. Versuchen Sie, die Mitgliedschaft in Gruppen auf das Wesentliche zu beschränken. Nehmen Sie nicht teil am sinnlosen Verbreiten unwesentlicher oder stumpfsinniger Inhalte. Fragen Sie sich das nächste Mal beim Betrachten diverser Videos oder dem Durchlesen unsäglicher Kettenbriefe, die dringend an mindestens zehn Personen weitergeleitet werden müssen, damit sie nicht den Rest ihres Lebens unglücklich und mit schlechtem Sex verbringen müssen, ob diese Botschaft wirklich eine Einzahlung auf Ihr Glückskonto darstellt? Wenn nicht, verzichten Sie darauf. Die Welt und Ihr Karma werden es Ihnen danken.

### Was Sie sofort tun können:

- Schalten Sie den Benachrichtigungston Ihres Messengers auf lautlos.

### Was Sie ab morgen garantiert anders machen:

- Checken Sie neue Nachrichten nur noch einmal pro Stunde zu einer festen Uhrzeit.
- Melden Sie sich aus unnötigen Gruppen ab.

# 33

# Ziele (keine)

***»Carpe that fucking diem.«***

Nachdem wir unser Ziel vollständig aus den Augen verloren hatten, verdoppelten wir unsere Anstrengung.

---

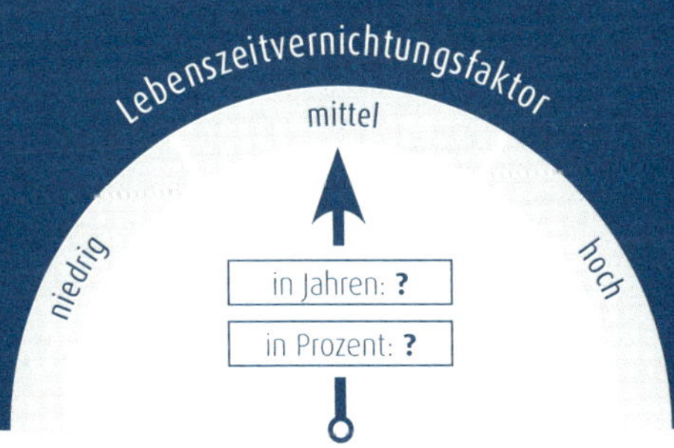


**Sind Sie betroffen?**

- ☐ Sie wissen morgens nicht, wofür Sie eigentlich aufstehen.
- ☐ An Silvester starten Sie regelmäßig mit einer Reihe guter Vorsätze ins neue Jahr.
- ☐ Wenn Sie Urlaub haben, kriegen Sie nichts auf die Reihe, wohingegen Sie viel erledigen, sobald Sie in Ihren strukturierten Arbeitsalltag zurückkehren.

Wenn Sie zweimal zustimmen, sollten Sie weiterlesen.

Sie zählen die Stunden bis zum Feierabend und die Tage bis zum Wochenende? Der Klassiker. Und ein absolut unwiderrufliches Zeichen dafür, dass in Ihrem Leben oder Ihrem Job irgendetwas wirklich schiefläuft. Das Schlimme an dieser Situation ist ja nicht nur, dass Ihnen der Alltag keinen Spaß macht und Sie sich zwingen, täglich zur Arbeit zu gehen. Das Schlimme ist, dass Sie auf diese Weise Ihr Leben verschwenden, während Sie auf den letzten finalen Endpunkt warten, Ihren Tod. Innerlich sind Sie in diesem Fall bereits gestorben, nur Ihr Begräbnis lässt noch auf sich warten.

Denn auf jeden Feierabend folgt der nächste Arbeitstag und auf jedes Wochenende der nächste Montag. Sogar auf jeden Urlaub folgt der erste Arbeitstag und auf jede Krankschreibung die Rückkehr zum Arbeitsplatz.

Sie werden in dieser Schleife gefangen bleiben, bis Sie sterben oder zumindest in Rente gehen. Aber wissen Sie eigentlich, wie viele Stunden Sie noch absitzen müssen, bis Sie 30 Arbeitsjahre überstanden haben? 56.400 Arbeitsstunden. Eine ganz schön lange Zeit, um dazusitzen und sich schlecht zu fühlen. Nicht zu vergessen, dass Sie 67 Jahre alt sind, wenn Sie es endlich hinter sich gebracht haben, und ein Großteil Ihres Lebens dann unwiderruflich verloren ist.

Die Arbeit ist einer der wichtigsten Aspekte unseres Lebens. Schon allein deswegen, weil wir die meiste Zeit damit verbringen. Seine Arbeit zu hassen ist der direkte Weg dazu, sein Leben zu hassen. Tun Sie sich das nicht an.

Eine der elementaren Fragen sinnvoller Zeitverwendung lautet: »Tue ich jetzt in diesem Augenblick genau das, was mich meinem wichtigsten Ziele am nächsten bringt?« Das Problem dabei ist, dass diese Frage gar nicht ohne Weiteres von jedem beantwortet werden kann. Warum? Weil nicht jeder weiß, was sein wichtigstes Ziel überhaupt ist. Oder wenigstens irgendein Ziel.

Wenn Sie selbst an Silvester auch nach Stunden noch immer nicht wissen, was Sie auf Ihre Liste mit den Vorsätzen fürs nächste Jahr schreiben können, dann sollte Ihnen das zu denken geben. Glückliche Menschen sind voller Pläne und Ziele. Für sie quillt die Welt über vor lauter Möglichkeiten und Herausforderungen, die sie angehen wollen. Wer hingegen keine Ziele mehr hat, der hat womöglich schon aufgegeben.

Der verstorbene US-amerikanische Autor Stephen R. Covey erklärte die Bedeutung der richtigen Ziele einmal so: Manchmal konzentrieren wir uns voll und ganz darauf, eine an eine Mauer gelehnte Leiter so schnell wie möglich zu besteigen – nur um oben angekommen enttäuscht festzustellen, dass die Leiter an der falschen Mauer stand. Was bleibt, ist die ernüchternde Erkenntnis, dass wir zwar schnell nach oben, unserem Ziel aber leider in keiner Weise nähergekommen sind. Es ist leicht, sehr beschäftigt zu sein, ohne am Ende die wichtigen Dinge im Leben zu erreichen. Wenn Sie mit Tempo 200 auf der Autobahn von Frankfurt in Richtung Hannover düsen, sind Sie ohne Zweifel ziemlich schnell unterwegs. Wenn Sie allerdings nach Freiburg fahren wollten, entfernen Sie sich lediglich in hoher Geschwindigkeit von Ihrem Ziel.

Besonders deutlich wird die Bedeutung von Zielsetzung auch an folgender Geschichte:

Betrachten wir die Baumwollernte, wie sie teilweise noch im 19. Jahrhundert stattgefunden hat: Baumwolle wächst etwa hüfthoch. Die Ernte war demnach vor der Industrialisierung alles andere als angenehm. Daher wurde sie in Anbaugebieten im Süden der USA in erster Linie von Sklaven verrichtet. Diese schnallten sich einen Korb vor den Bauch und waren gezwungen, die Baumwolle über viele Stunden hinweg unter widrigsten Bedingungen zu pflücken. Mit gebeugtem Oberkörper begann der Arbeitstag der Sklaven bereits um 6 Uhr morgens. Versetzen Sie sich in die Rolle eines solchen Baumwollpflückers: Irgendwann gegen 12 Uhr, wenn die Sonne am höchsten steht, mit höllischen Schmerzen im Rücken und nass geschwitzt, halten Sie kurz inne und blicken nach vorne. Was sehen Sie? Baumwolle, so weit das Auge reicht. Vor Ihnen nichts als Baumwolle. Und so setzen Sie Ihre Arbeit fort, bis abends um 18 Uhr das erlösende Signal ertönt, dass Ihr Tagwerk für diesen Tag vollbracht ist: 600 Meter abgeerntete Strecke.

Lassen Sie uns nun die Rollen tauschen. Widmen wir uns als Plantagenbesitzer der Frage, wie wir die Ergebnisse verbessern könnten: Für eine bessere Kühlung sorgen, die Arbeiter mit Wasser erfrischen, mehr Pausen machen, Getränke zur Verfügung stellen, Musik einspielen, Belohnungen in Form von Prämien, die Baumwolle höher pflanzen und so weiter und so fort.

Dennoch gibt es eine weitere Möglichkeit, die Resultate erheblich zu verbessern – und das nahezu ohne jede Investition: Einer der Plantagenbesitzer stellte bei 700 Metern eine weithin sichtbare, riesige rote Fahne auf. Damit verbunden ließ er seine Arbeiter wissen: Wer an dieser Stelle angekommen ist, hat Feierabend und für den Rest des Tages frei. Diese Maßnahme allein war ein derartiger Ansporn, dass die Sklaven bereits deutlich vor 17 Uhr an der Stelle mit der roten Fahne ankamen. »Ganz nebenbei« ernteten sie dabei über 15 Prozent mehr!

Das heißt, bereits die Existenz eines klaren Ziels reichte aus, um in weniger Arbeitszeit mehr zu erreichen. Nach wie vor begann der Arbeitstag morgens um 6 Uhr. Und nach wie vor waren die Arbeitsbedingungen unerträglich. Aber wann immer einer der Sklaven geradeaus sah, entdeckte er dort, wo es zuvor nur Baumwolle zu sehen gab, mit einem Mal die rote Fahne. Und alles, was zwischen ihm und dem Erreichen seines Ziels, das er mit der roten Fahne verband, stand, galt es nun auf schnellstem Weg zu überwinden. Die Baumwollernte war das Hindernis, um den entsetzlichen Arbeitstag zu beenden. Und auf diesem Weg steigerte sich die Leistung fast zwangsläufig.

Alles beginnt mit klaren Zielen. Woran sonst wollen Sie erfolgreiche Zeitverwendung messen? Die wichtigste Frage, die Sie sich stellen müssen: Was ist Ihre rote Fahne?

**Was Sie sofort tun können:**

- Suchen Sie sich ein Ziel – Ihre rote Fahne.

**Was Sie ab morgen garantiert anders machen:**

- Machen Sie jeden Tag wenige Schritte auf dieses Ziel zu und sind sie noch so klein.
- Lieben Sie, was Sie tun, und tun Sie, was Sie lieben.

# Danksagung

Wenn du nach 20 Jahren Berufs- und kurz vor 50 Jahren Lebenserfahrung stehst, ist die Arbeit an einem Buch über verschwendete Lebenszeit nicht nur sehr aufwühlende Arbeit, sondern auch eine willkommene Gelegenheit, vieles auf den Prüfstand zu stellen.

Ich würde nicht so weit gehen, dieses Buch als meine Autobiografie zu bezeichnen (für die ich dann vielleicht doch einen etwas heldenhafteren Titel gewählt hätte), aber in diesem Werk steckt doch mehr von mir als in jedem anderen.

Das wäre unmöglich gewesen ohne die großartige Unterstützung noch großartigerer Menschen. Diese hier namentlich aufzuzählen, wäre zwar möglich, für Sie als Leser aber sicherlich ein weiterer Weg, kostbare Lebenszeit zu verschwenden.

Daher bedanke ich mich an erster Stelle nicht nur bei den Herstellern meiner bevorzugten Ginsorten und Espressobohnen, sondern kollektiv vor allem bei meinem Team, meiner Familie, meinen Kunden, meinen Partnern und meinen Freunden.

Jeder, der gemeint ist, weiß das ohnehin ganz genau.

Vielen Dank für euren Support, euern Glauben, eure Liebe, euer Vertrauen und eure Zeit!

**Martin Geiger** erblickte das Licht der Welt in Nürnberg. Bereits der Tag seiner Geburt wies darauf hin, dass er fortan mit Zeit die eine oder andere Herausforderung haben sollte, konnte man das Datum doch getrost auch als »5 vor 12« lesen.

Lange bevor er sich der Weiterbildung verschrieb, stand er mit seiner eigenen auf Kriegsfuß: Diverse Schulwechsel waren nicht nur dem Umstand geschuldet, dass er inmitten der Pubertät aus der Frankenmetropole in das beschauliche Baden-Baden zwangsversetzt wurde. Vielmehr stießen seine Impulse als Querdenker, Vortragsredner und Unterhalter während seiner Schulzeit noch auf wenig Applaus. Dabei wurde bereits in dieser frühen Schaffensphase der Grundstein zu praxisorientierter Effizienz gelegt: So wurden beispielsweise Hausaufgaben prinzipiell im Bus auf dem Weg zur Schule abgeschrieben.

Auch sein anschließender Weg war keineswegs geradlinig. Jahrelang studierte er die Schule des Lebens, die ihn als Unternehmer häufig ebenso durch Taler wie auf Gipfel führte. Den Hang zum Aufschieben offenbarte schon sein Familienstand, war er doch mehr als 15 Jahre verlobt. Auch andere Zeitdiebe wie chronische Unpünktlichkeit, ständige Erreichbarkeit oder exzessives Facebook-Surfen hat er eingehend im schonungslosen Selbstversuch praktiziert, um seine Vorträge durch maximale Authentizität zu bereichern und dieses Buch zu schreiben.

Alle Infos zu Buchung, öffentlichen Auftritten, Vorträgen, Seminaren, Coachings und vieles mehr finden Sie auf:
*www.martingeiger.com*

# Das Buch der Produktivität

## 50 Methoden, um produktiver zu werden

Ben Elijah, 160 Seiten, Hardcover,
Euro 14.90, ISBN 978-3-907100-79-0

Ertappen Sie sich häufig beim Prokrastinieren? Fühlen Sie sich gestresst und überlastet? Fällt es Ihnen schwer, Prioritäten zu setzen? Ben Elijah zeigt in diesem Buch, wie Sie kluge Entscheidungen über Aufgaben, Ereignisse und Verpflichtungen treffen, um von diesen nicht überrollt zu werden. Ob Sie als vielbeschäftiger Unternehmer mit ihren E-Mails kämpfen oder als Student ein großes Projekt planen müssen, Sie werden mit diesem Ratgeber in jedem Fall effizienter arbeiten. Planen Sie Ihre Arbeit anhand der täglichen Umstände, und Sie erreichen ab jetzt Ihre Zielvorgaben.

Dieses Buch ist in acht Kapitel gemäß den Gewohnheiten und Lernansätzen unseres Gehirns unterteilt. Ausgestattet mit klaren Erläuterungen und verständlichen Diagrammen kann »Das Buch der Produktivität« Ihre Arbeitsweise revolutionieren.

Ein einfaches, aber starkes Gerüst für jeden, der produktiver werden und nicht in die Falle der »33 unfehlbaren Wege« tappen will.

*»Ben Elijah kombiniert unsere Denkweisen mit dem praktischen Informationsansatz. Eine magische Kombination aus mentalen, unternehmerischen und praktischen Techniken.«*

*Jim Odell, Partner, Kemp Little Consulting*

# Frustschutzmittel

## Wie sie es schaffen, alles halb so schlimm oder doppelt so gut zu finden

Roman Szeliga, 160 Seiten, Hardcover,
Euro 17.90, ISBN 978-3-907100-67-7

Unsere innere Einstellung bestimmt nicht bloss unser Verhalten, sondern auch die Intensität unserer Energiequellen. Es gibt wohl niemanden auf der Welt, der keine Freude will und braucht. Aber es gibt nur sehr wenige, die das wahre Geheimnis der Freude kennen. Was steckt also hinter diesem Gefühl, das unser Leben lebenswert macht? Wie kann dieser »Frustschutz« aktiviert werden?

Ein Buch mit vielen positiven Gedanken, über die Freude, das Glück, den Humor, die Leichtigkeit als Energiequellen unseres Lebens, die uns auch Mut machen, alte, ausgetretene Wege zu verlassen und etwas Neues auszuprobieren. Der Arzt und Humorexperte Roman Szeliga liefert heilsame Impulse für unsere tägliche Kommunikation: Emotionale »Tupfer«, humorvolle »Salben«, aber auch kleine, spitze Nadeln, die den Nerv der Zeit treffen. Ein mitreißendes, charmant-pointiertes Plädoyer für ein besseres Miteinander im Privat – und Berufsleben frei nach dem Motto: »Nehmen Sie das Leben nicht so ernst, denn Sie kommen eh nicht lebend raus!«

*»Endlich ein kompetenter Ratgeber, der zeigt, wie viel gute Laune in uns steckt, warum Humor uns in vielen Lebenssituationen hilft und wie ein Lächeln mehr Macht hat, als jedes böse Wort.«*

*Sascha Grammel, Puppet Comedian*

# Prinzip Souveränität

## Als souveräne Persönlichkeit sicher entscheiden und handeln

Stéphane Etrillard, 296 Seiten, Hardcover,
Euro 24.90, ISBN 978-3-907100-94-3

Wenn von einer starken Persönlichkeit die Rede ist, die gelassen auftritt, verantwortungsvoll entscheidet und handelt, kommt schnell das Wort Souveränität ins Spiel. Die Fähigkeit, eigene Anliegen überzeugend nach außen zu vertreten und fair mit anderen umzugehen, ist nicht nur für Entscheidungsträger unabdingbar.

In diesem Grundlagenwerk beleuchtet Erfolgsautor Stéphane Etrillard die Facetten einer souveränen Persönlichkeit. Anhand praktischer Beispiele zeigt er, wie man zu mehr Souveränität im beruflichen Umfeld und somit zu einer höheren Lebensqualität gelangt.

Dabei verknüpft der Autor sehr geschickt fachliche Informationen aus den Bereichen Psychologie, Philosophie und Linguistik mit seinen praktischen Erfahrungen aus der Arbeit mit Tausenden von Seminarteilnehmern sowie den Lebensgeschichten realer Persönlichkeiten wie Coco Chanel, Johnny Cash, Gertrude Stein und Alice Herz-Sommer. Denn das, was eine souveräne Persönlichkeit auszeichnet, ist nicht zuletzt die Bereitschaft, von anderen erfolgreichen Menschen zu lernen.

*»Stéphane Etrillard hat ein souveränes Mutmacher-Buch geschrieben! Jeder kann Souveränität erlangen. Das ist zwar nicht einfach, aber mit diesem Buch werden die besten Voraussetzungen geschaffen.«*

*Prof. Dr. Lothar Seiwert, Top-Keynote-Speaker und Bestseller-Autor (»Simplify your Time« u.a.)*

# Das Buch der 1000 Gebote

## So funktioniert das Leben – eine Gebrauchsanleitung

Thilo Baum, 240 Seiten, Hardcover,
Euro 22.90, ISBN 978-3-907100-66-0

Wie lange ist Egoismus gut, und wann wird er asozial? Wann dürfen und sollten Sie Nein sagen? Wie finden Sie zu sich selbst? Und wann dürfen Sie töten?

»Das Buch der 1000 Gebote« gibt klare Antworten auf die wichtigen Fragen des Lebens. Es ist ein Leitfaden für das Dasein auf dieser Welt. Es hilft beim Bewerten von Weltbildern, dem Respekt gegenüber Andersdenkenden und der Natur. Vor welcher Entscheidung auch immer Sie stehen: Hier finden Sie einen Rat dazu – von persönlich bis beruflich. »Das Buch der 1000 Gebote« vermittelt gebündelt, worum es im Leben geht.

Jedes der zehn Hauptkapitel – vom Leben über das Denken und Handeln, den Erfolg und den Sinn bis zur Zukunft – besteht aus zehn Unterkapiteln, in denen sich wiederum jeweils zehn Gebote finden. Tausend entschiedene Ansagen, tausend inspirierende Denkanstöße, tausend neue Sichtweisen auf die Welt. Teils verblüffend und witzig, teils philosophisch und nachdenklich, aber immer konkret, praktisch und anwendbar. Ein Buch für alle Lebenslagen!

*»Die Unterscheidungsqualität und Differenzierungswucht dieses Werkes ist einfach unglaublich! Noch nie habe ich solch einen detaillierten Überblick über das Leben in einem Buch gefunden.«*

*Boris Grundl, Führungsexperte und »Menschenentwickler« (Süddeutsche Zeitung)*

# Das Buch der Ideen

## 50 Wege, um Ideen effizient zu produzieren

Kevin Duncan, 128 Seiten, Hardcover,
Euro 14.90, ISBN 978-3-907100-62-2

Ideen zu haben war schon immer einer der treibenden Faktoren im Geschäftsleben. Oft reicht eine einzige gute Idee, um einen grossen Schritt nach vorne zu kommen. Aber wie sorge ich dafür, dass mir nicht die Ideen ausgehen?

»Das Buch der Ideen« kann hier helfen. In diesem kleinen, aber umfassenden Buch werden die 50 nützlichsten Techniken vorgestellt und erklärt, die auch von Unternehmensberatern, Wissenschaftlern, MBA-Absolventen und Managern auf der ganzen Welt verwendet werden, um das Denken anzuregen und Ideen zu generieren. Ganz gleich, ob es um die Ideensuche im privaten oder beruflichen Bereich geht; dieser Ratgeber wird schnell zu Ihrem persönlichen Begleiter. Das Buch gliedert sich in 5 Bereiche: Vorbereitung, Ideen im Alleingang, Ideenfindung im Team, Ideen beurteilen, Ideen in die Praxis umsetzen. Alle Techniken sind ausführlich erklärt und mit konkreten Tipps für die Anwendung im taglichen Leben angereichert.

*»Das Buch der Ideen ist der neue Wettbewerbsvorteil in der digitalen Welt, in der alles möglich ist. Diese praktischen Techniken sind sofort einsetzbar und wecken Ihre Kreativität aus dem Dornröschenschlaf.«*

*Paul Davies, Marketing Director, Microsoft*

**Mehr Infos zu allen Büchern unter: www.midas.ch**